Flugzeugberechnung

Von

Dr.-Jng. Rudolf Jaeschke

Band I

Grundlagen der Strömungslehre und Flugmechanik

4. unveränderte Auflage

Mit 88 Abbildungen
und 21 Zahlentafeln

München und Berlin 1943
Verlag von R. Oldenbourg

Vorwort.

Das vorliegende Buch kommt den seit einer Reihe von Jahren bestehenden Wünschen nach einem Lehrbuch für die rechnerische Behandlung flugtechnischer Fragen entgegen. Seine Ausführungen sind natürlicherweise in erster Linie für Studierende des Luftfahrzeugbaues bestimmt, darüber hinaus aber auch für alle technisch Vorgebildeten, die sich aus beruflichen Gründen oder persönlichem Interesse mit den Grundlagen der Flugzeugberechnung vertraut machen wollen. Auch Piloten und andere im praktischen Flugdienst tätige Personen werden in dem Buch eine willkommene Ergänzung und manche theoretische Erklärung für selbstgewonnene Erfahrungen finden.

Es liegt im Charakter eines Lehrbuches, daß nur solche wissenschaftliche Erkenntnisse Aufnahme finden können, die im Laufe der Jahre durch die Praxis bestätigt wurden; in diesem Buch wurde ferner Wert darauf gelegt, daß die behandelten Grundlagen auch zahlenmäßig erfaßbar und vom Standpunkt des praktisch tätigen Ingenieurs auswertbar sind. Es ist eine bekannte Tatsache, daß jede rechnerische Anwendung einer Theorie besser als langwierige Erläuterungen das tiefere Verständnis der Zusammenhänge fördert; deshalb konnte auf die Durchrechnung von Zahlenbeispielen nicht verzichtet werden. Die Art der Gliederung des Stoffes und der Ableitung aller wichtigen Formeln hat sich in der mehrjährigen Lehrtätigkeit des Verfassers sowie in zahlreichen Vorträgen und Kursen zur beruflichen Weiterbildung von Ingenieuren als zweckmäßig erwiesen.

Weimar, im Juli 1935.

R. Jaeschke.

Inhaltsverzeichnis

III. Hauptteil

Momentengleichgewicht und Stabilitätsberechnung

Strömungslehre.

Abschnitt 1. Grundbegriffe und Grundgesetze.

a) Spezifisches Gewicht und spezifische Masse der Luft.

Zur Berechnung von Flugzeugen ist die Kenntnis bestimmter Eigenschaften der Atmosphäre erforderlich, die als maßgebende Faktoren in allen flugtechnischen Zusammenhängen auftreten und die Möglichkeit und Art des Fliegens bestimmen.

Die Luft ist ein Gasgemisch, dessen je nach der »Witterung« verschiedenes spezifisches Gewicht und sonstige Eigenschaften in der Hauptsache durch Druck und Temperatur bestimmt werden. Der Druck wird bekanntlich durch das Gewicht der über einer Stelle lagernden Luftsäule bedingt und nimmt infolgedessen mit der Höhe ab. Gegenüber diesem starken Druckgefälle beim Steigen, das von der Temperatur am Erdboden und dem Maß der Temperaturabnahme mit der Höhe (dem sog. Temperaturgradient) abhängt, sind die vom Wetter hervorgerufenen örtlichen und zeitlichen Schwankungen des Luftdruckes (Barometerstandes) von untergeordneter Bedeutung.

In der für das heutige Fliegen in Frage kommenden bis etwa 12000 m reichenden Luftschicht, der Troposphäre, kann die Temperatur zwischen 0^0 und 1^0 je 100 m Steighöhe abnehmen; in der darüber liegenden Stratosphäre ist die Temperatur unveränderlich, also der Gradient gleich Null.

Von der besonders in den unteren Luftschichten stark schwankenden und nur von Fall zu Fall durch Messungen feststellbaren Größe des Temperaturgefälles macht man sich für flugtechnische Berechnungen unabhängig durch die Einführung einer Normal-Atmosphäre und Annahme eines Mittelwertes als Temperaturabfall[1]).

Für das Verhältnis der spezifischen Gewichte in den Höhen z und Null gilt die thermodynamische Göttinger Formel

$$\frac{\gamma_z}{\gamma_0} = \left(1 - \frac{\vartheta \cdot z}{273 + t_0{}^0}\right)^{5,83}.$$

Hierin wird zur Berechnung der Deutschen Normal-Atmosphäre der Temperaturgradient $\vartheta = 0,005^0/\text{m}$, die Bodentemperatur $t_0 = 10^0$ C und das einem Barometerstand von 762 mm QS entsprechende spezifische Gewicht der Luft am Boden $\gamma_0 = 1,25$ kg/m^3 gesetzt.

Bis zu Höhen um 5000 m liefert die handlichere Erfahrungsformel[2])

$$\frac{\gamma_z}{\gamma_0} = 0,9^{\frac{z}{1000}},$$

darüber hinaus

$$\frac{\gamma_z}{\gamma_0} = 0,896^{\frac{z}{1000}}$$

hinreichend genaue Werte[3]) und läßt sich leicht nomographisch darstellen.

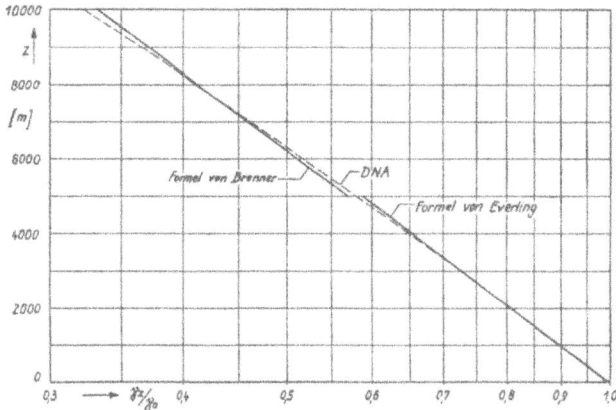

Abb. 1. Das Verhältnis $\gamma_z : \gamma_0$ in Abhängigkeit von der Flughöhe (Deutsche Normal-Atmosphäre).

---

[1]) Auch Höhenangaben auf der Zeigerskala eines Barometers können nur unter Zugrundelegung eines bestimmten Temperatur-

Für Höhen von 500 zu 500 m sind die spezifischen Gewichte, auch »Luftwichten« genannt, aus den Zahlentafeln VIII und IX zu entnehmen; dort sind ferner die entsprechenden Werte der Internationalen Normal-Atmosphäre zusammengestellt, für die $t_0 = 15^0$ C und $\gamma_0 = 1{,}225$ kg/m³ (bei 760 mm QS) gilt, während der Temperaturgradient nach verschiedenen Höhenschichten abgestuft ist.

In den Formeln und Berechnungen der Fluglehre tritt das spezifische Gewicht der Luft meist zusammen mit der Erdbeschleunigung $g = 9{,}81$ m/s² in Form der spezifischen Masse auf, des Quotienten

$$\varrho = \frac{\gamma}{g} \quad [\text{kg m}^{-4}\,\text{s}^2],$$

den man mit Luftdichte bezeichnet. Als Durchschnitt am Erdboden ergibt sich unter den oben gemachten Voraussetzungen für die internationale Normal-Atmosphäre

$$\varrho = \frac{\gamma_0}{g} = \frac{1{,}225}{9{,}81} = \frac{1}{8} \quad \text{kg m}^{-4}\,\text{s}^2,$$

ein Wert, der für technische Überschlagsrechnungen auch nach der deutschen Normal-Atmosphäre viel Verwendung findet.

b) Bernoullische Gleichung.

Die vorstehenden Gesetzmäßigkeiten gelten sowohl für ruhende, als auch für gleichmäßig und wirbelfrei bewegte Luft, sog. Potentialströmung[1]. Bewegt sich dagegen ein Körper in ruhender Luft, bzw. steht er in einer gleichförmigen Strö-

---

gradienten gemacht und daher nicht allgemeingültig sein; für einen unter beliebigen Witterungsverhältnissen unternommenen Steigprüfungsflug ist außer dem Steigbarogramm noch die Temperatur in Abhängigkeit vom Luftdruck zu messen, damit eine stufenweise Umrechnung auf das Normalbarogramm möglich ist. Bei sehr genauen Berechnungen ist ferner der gewichtsvermindernde Wasserdampfgehalt der Luft und die Änderung der Erdschwere mit der Höhe und der geographischen Breite zu berücksichtigen.

[2]) Everling, ZFM 7 (1916) S. 127.
[3]) Brenner, ZFM 15 (1924) S. 61.
[1]) Jede derartige verlustfreie Strömung kann durch eine komplexe Funktion beschrieben werden, welche man die Potentialfunktion der Strömung nennt.

mung still — was mechanisch gleichbedeutend ist und hier wegen der bequemeren Betrachtungsweise meist angenommen werden soll —, so werden in der Umgebung dieses Hindernisses die Luftteilchen in eine ungleichförmige Bewegung versetzt, die mit einer Druckänderung verbunden ist.

Zur Darstellung des Strömungsbildes um einen Körper zeichnet man die Stromlinien auf, welche für eine stationäre, d. h. zeitlich unveränderliche Strömung, mit den Bahnen der Flüssigkeitsteilchen zusammenfallen. Ein Bündel von Stromlinien, die einen zylindrischen Körper bilden, heißt Stromröhre; sie ist dadurch gekennzeichnet, daß keine Flüssigkeit durch ihren Mantel hindurchtreten kann.

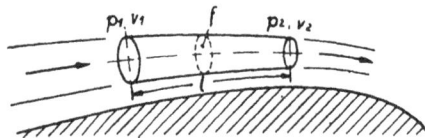

Abb. 2. Element eines Stromfadens bei wachsender Geschwindigkeit.

Betrachtet man einen solchen annähernd gradlinigen Stromfaden von der Länge l und vom mittleren Querschnitt f, dessen Luftteilchen sich von der Stelle des höheren Druckes p_1 nach der des niederen p_2 bewegen und dabei ihre Geschwindigkeit von v_1 auf v_2 vergrößern, so ist — da die Kraft $p_1 \cdot f$ in Richtung der Bewegung, $p_2 \cdot f$ ihr entgegenwirkt — für dieses Stromröhrenstück:

die resultierende Kraft $= (p_1 - p_2) \cdot f$,

die mittlere Geschwindigkeit $= \dfrac{v_1 + v_2}{2}$,

die Masse der Luftteilchen $= \varrho \, f \cdot l$,

die Zeit zum Durchlaufen der gegebenen Strecke

$$= \frac{\text{Weg}}{\text{mittl. Geschwindigkeit}} = \frac{l}{\dfrac{v_1 + v_2}{2}},$$

also die Beschleunigung $= \dfrac{\text{Geschwindigkeitszunahme}}{\text{Zeit}}$

$$= \frac{v_2 - v_1}{\dfrac{2 \cdot l}{v_1 + v_2}} = \frac{v_2{}^2 - v_1{}^2}{2 \cdot l}.$$

Es ergibt sich somit nach dem Grundgesetz der Mechanik

$$\text{Kraft} = \text{Masse} \times \text{Beschleunigung}$$

$$(p_1 - p_2) \cdot f = \varrho \cdot f \cdot l \cdot \frac{v_2{}^2 - v_1{}^2}{2 \cdot l}$$

$$p_1 - p_2 = \frac{\varrho}{2} v_2{}^2 - \frac{\varrho}{2} v_1{}^2$$

$$p_1 + \frac{\varrho}{2} v_1{}^2 = p_2 + \frac{\varrho}{2} v_2{}^2.$$

Die Summe aus Druck und Luftdichte mal halbem Geschwindigkeitsquadrat ist also längs einer Stromlinie konstant; sie hat auch den gleichen Wert für verschiedene Stromfäden, sofern diese aus einem Bereich konstanten Druckes und konstanter Geschwindigkeit kommen.

Das Gesetz
$$p + \frac{\varrho}{2} \cdot v^2 = \text{konst.}$$

ist als **Bernoullische Gleichung** bekannt; es gilt nur unter den vereinfachenden Voraussetzungen, daß die Luft eine **unzusammendrückbare Flüssigkeit** und **ohne innere Reibung** ist. Die erste Annahme ist berechtigt, solange

$$\frac{v}{a} \ll 1,$$

d. h. die auftretenden Geschwindigkeiten klein sind im Vergleich zur Geschwindigkeit a des Schalles in der Luft[1]). Abgesehen von örtlichen Geschwindigkeitserhöhungen (z. B. in der Strömung um die Blattspitzen einer rasch drehenden Luftschraube, in einer Motorhaube[2]) oder dgl.) kann also in flugtechnischen Betrachtungen die Zusammendrückbarkeit der Luft vernachlässigt und die Mechanik unelastischer Flüssigkeiten angewandt werden. Die zweite Voraussetzung, daß die Luftströmung reibungsfrei verläuft, ist im Grunde nicht gerechtfertigt und kann, wie später noch erörtert wird, nur in beschränktem Maße aufrechterhalten werden.

---

[1]) Die maßgebende Größe wird zuweilen als Machsche Zahl $M = \frac{v}{a}$ bezeichnet.

[2]) Wo schon bei einem $v \approx \frac{a}{2}$ die Schallgeschwindigkeit erreicht wird.

c) Der Staudruck.

Das in der Flugtechnik häufig wiederkehrende Produkt aus Luftdichte und halbem Geschwindigkeitsquadrat bezeichnet man mit Staudruck[1]):

$$q = \varrho \cdot \frac{v^2}{2} \quad [\text{kg/m}^2].$$

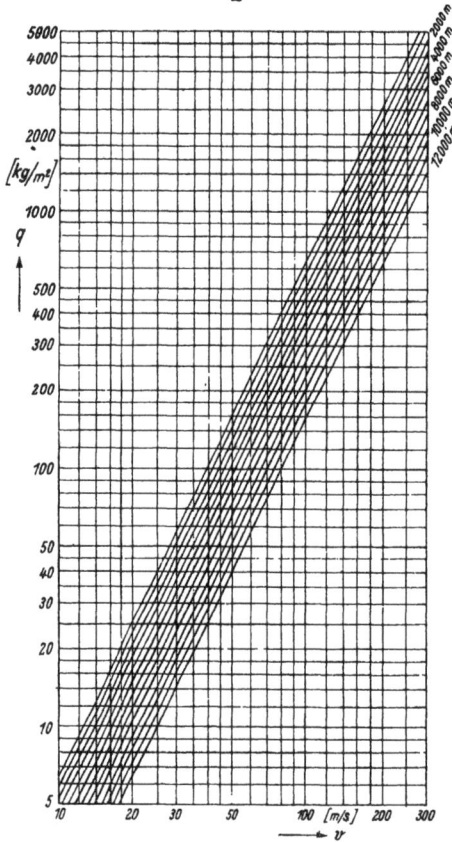

Abb. 3. Der Staudruck in verschiedenen Höhen und bei verschiedenen Geschwindigkeiten.

---

[1]) Man kann den Staudruck in Übereinstimmung mit der entsprechenden Formel aus der Mechanik der festen Körper auch definieren als die lebendige Kraft einer Raumeinheit Luft von der Geschwindigkeit v.

Er bildet in allen Fällen, in denen die Luftdichte gegeben ist, ein Maß für die Geschwindigkeit; so entspricht beispielsweise der Staudruck $q = 100 \, \text{kg/m}^2$ bei der Normaldichte $\varrho = \frac{1}{8}$ [kg m^{-4} s^2] am Boden einer Geschwindigkeit von

$$v = \sqrt{\frac{2}{\varrho} \cdot q} = 4 \cdot \sqrt{q} = 40 \, \text{m/s} = 144 \, \text{km/h}.$$

Auf der Bestimmung des Staudruckes beruht infolgedessen eine Reihe von Geschwindigkeitsmeßinstrumenten, von denen im Flugwesen der aus dem Pitot-Rohr entwickelte **Prandtl-sche Staudruckmesser** am häufigsten anzutreffen ist.

Der Druck p_1 in der ungestörten Strömung von der Geschwindigkeit v_1 wird durch eine ringförmige Öffnung auf das

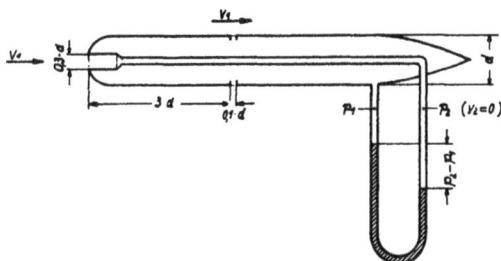

Abb. 4. Prandtl-Rohr.

Innere des an dieser Stelle zylindrischen Mantelrohres übertragen und wirkt am linken Schenkel des Manometers; der rechte zeigt den Druck p_2 im eigentlichen Staurohr, wo die mit der Geschwindigkeit v_1 durch die Düse im halbkugelförmigen Kopf des Instrumentes eingedrungene Luftströmung vollkommen gestaut wird. Nach der Bernoullischen Gleichung

$$p_2 - p_1 = \frac{\varrho}{2} v_1^2 - \frac{\varrho}{2} v_2^2$$

ergibt sich somit für $v_2 = 0$ als Differenz an den Manometerschenkeln

$$p_2 - p_1 = \frac{\varrho}{2} \cdot v_1^2,$$

also unmittelbar der Staudruck und damit bei bekannter Luftdichte die Strömungsgeschwindigkeit.

Eine zweite Reihe von Instrumenten verwendet den an der engsten Stelle einer Saugdüse entstehenden Unterdruck p_2 im Vergleich mit dem Druck p_1 im zylindrischen Vorderteil dieses sog. Venturi-Rohres.

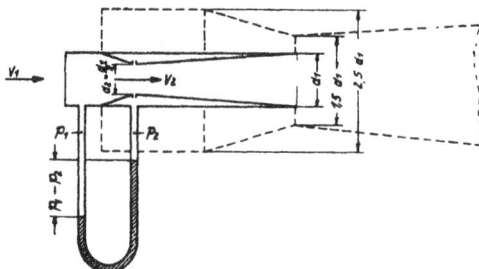

Abb. 5. Venturi-Rohr.

Da sich die Strömungsgeschwindigkeiten umgekehrt wie die zugehörigen Kreisquerschnitte verhalten, ist die Druckdifferenz im Manometer

$$p_1 - p_2 = \left(\frac{d_1^4}{d_2^4} - 1\right) \cdot \frac{\varrho}{2} \cdot v_1^2,$$

also proportional dem Staudruck, wobei für das etwa als Grenze anzusehende Verhältnis $d_1 : d_2 = 2 : 1$ der Proportionalitätsfaktor gleich 15 wird. Die große Empfindlichkeit dieser Instrumente ist bei der vielbenutzten Bruhnschen Venturi-Doppeldüse noch weiter gesteigert durch Einsetzen der Austrittsmündung des einfachen Venturirohres in die engste Stelle einer etwa dreimal so großen Saugdüse[1]).

Beiden Arten von Instrumenten, Staurohren und Saugdüsen gemeinsam ist die große Unempfindlichkeit gegen Änderungen in der Windrichtung; bei Abweichungen bis 15° zwischen Instrumentenachse und Strömung zeigen sie noch praktisch richtig an, während bei 20° der Fehler in der Druckanzeige erst etwa 3% beträgt.

---

[1]) Hier verzichtet man auf die Messung des Druckes in der ungestörten Strömung und verwendet als Vergleichsdruck den Druck in der Umgebung des Manometers, also beispielsweise den Luftdruck hinter dem Instrumentenbrett im Flugzeugrumpf.

Abschnitt 2. Strömung in einer Ebene.

a) Schädlicher Widerstand.

Nach der Theorie der klassischen Hydrodynamik kann eine ideale, d. h. reibungs- und wirbelfreie Flüssigkeit auf einen von ihren Stromlinien umschlossenen Körper keine Kraft ausüben. Dieser zunächst seltsam erscheinende Satz wird für einen schlanken Rotationskörper der in Abb. 6 dargestellten Form immerhin verständlich, wenn man bedenkt, daß alle von der Strömung auf den Körper ausgeübten Drücke paarweise gleich und entgegengesetzt auftreten und Reibungskräfte unmöglich sind.

Tatsächlich ist aber die Luft nicht so »ideal« in ihren Eigenschaften, sondern hat wie alle wirklichen Flüssigkeiten

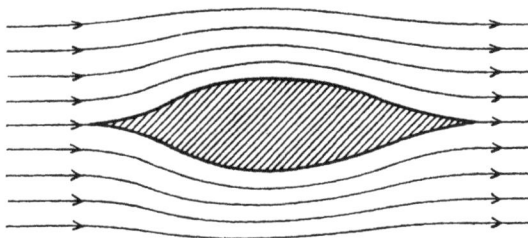

Abb. 6. Stromlinienkörper in idealer Flüssigkeit.

innere Reibung und damit Zähigkeitskräfte zu überwinden. Diese sind in der freien Luftströmung sehr klein im Vergleich zu den hydrostatischen Drücken und Trägheitskräften, die von sich aus keinen Widerstand hervorrufen. In unmittelbarer Nähe eines Körpers dagegen, in der Randschicht, wo die Strömungsgeschwindigkeit infolge der Wandreibung Null ist und in einer dünnen sogenannten Grenzschicht rasch auf ihren Wert im freien Strom ansteigt, ist selbst eine geringe Zähigkeit immer von Bedeutung.

Man wird also nach der Auffassung von Prandtl die gesamte Strömung um einen Widerstandskörper in zwei Teile zerlegen: eine von der Luftzähigkeit beeinflußte Strömung in der nächsten Umgebung des Hindernisses und eine praktisch reibungslose Strömung außerhalb der Grenzschicht, die allein — solange diese dünn ist — den Druckverlauf bestimmt.

Betrachtet man nach dieser Näherungsdarstellung die Strömung um das Profil eines sog. Tropfenrohres, so ergibt sich die Druckkräfteverteilung infolge der Trägheit der Flüssigkeitsteilchen ohne weiteres aus der Bernoullischen Gleichung. Die in der Symmetrieachse verlaufende Stromlinie teilt sich am vordersten Punkt; damit wird ihre Geschwindigkeit relativ zum Körper Null und der Druck an dieser Stelle am größten, nämlich gleich dem Staudruck. Auch die oberhalb und unterhalb der Mitte ankommenden Stromlinien vermindern ihre Geschwindigkeit und es entsteht auf der Vorderseite

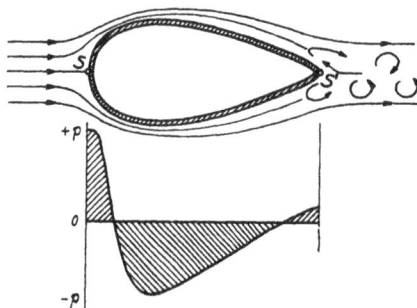

Abb. 7. Ebene Strömung und Druckverlauf an einem Tropfenrohr-Querschnitt.

des Körpers ein Bereich erhöhten Druckes, der »Stauhügel«, in dessen Mitte der Staupunkt S liegt.

Beim Ausweichen der Stromlinien läßt der Druck nach, die Geschwindigkeit nimmt rasch zu und erreicht ihren Größtwert etwa an der dicksten Stelle des Profilrohres, wo damit der Druck seinen kleinsten Wert, einen erheblichen Unterdruck, hat. Von hier aus läßt die Geschwindigkeit stromabwärts wieder nach, der Druck hingegen nimmt zu und die Flüssigkeitsteilchen verbrauchen ihre kinetische Energie zu seiner Überwindung. In einer der Bernoullischen Gleichung gehorchenden reibungslosen Flüssigkeit würde sich die bei S gespaltene Stromlinie im hinteren Staupunkt S' wieder zusammenschließen. In Wirklichkeit wird aber die lebendige Kraft der Luftteilchen in der Grenzschicht durch die Zähigkeitskräfte bereits aufgebraucht, ehe die am Körper entlang fließende Strömung den hinteren Staupunkt erreicht hat. Es setzt dann von S' aus eine Gegenströmung ein, welche die zum Stillstand gekommene Grenzschicht vom Körper wegdrängt und in Form von Wirbeln in die Potentialströmung hinausspült. Da derselbe Vorgang auch auf der Unterseite stattfindet, entstehen zwei sog. Unstetigkeitsflächen (in der ebenen Strömung eigentlich Unstetigkeitslinien), die sich hinter dem Körper in eine Doppelreihe abwechselnd abgehender Wirbel entwickeln, welche man mit Kármánsche Wirbelstraße bezeichnet.

Die durch abgelöste Wirbel verloren gegangene Energie macht sich immer als Formwiderstand bemerkbar, den ein Körper der Strömungsgeschwindigkeit entgegenzusetzen hat. Selbst bei aerodynamisch gut geformten Körpern läßt sich das Ablösen von Wirbeln an der Hinterkante und das Entstehen zumindest einer schmalen Wirbelschleppe nicht vermeiden.

Es ist offenbar, daß die Resultierende aller auf den Körper wirkenden Reibungs- und Formwiderstandskräfte nur in die Symmetrieachse fallen kann. Ihre Gleichung folgt aus Dimensionsbetrachtungen, indem man die einen Flüssigkeitswiderstand bestimmenden Größen:

Dichte $[\mathrm{kg\ m^{-4}\ s^2}]$,
Körpergröße $[\mathrm{m}]$
und Strömungsgeschwindigkeit $[\mathrm{m\ s^{-1}}]$

so zusammenstellt, daß die Dimension einer Kraft $[\mathrm{kg}]$ herauskommt:

$$\frac{\mathrm{kg} \cdot \mathrm{s}^2}{\mathrm{m}^4} \cdot \mathrm{m}^2 \cdot \left(\frac{\mathrm{m}}{\mathrm{s}}\right)^2.$$

Aus dieser allein möglichen Kombination ergibt sich, daß der Widerstand proportional der Luftdichte, einer Fläche und dem Quadrat der Geschwindigkeit ist:

$$W_s = z \cdot \varrho \cdot f \cdot v^2 \qquad [\mathrm{kg}].$$

Setzt man den dimensionslosen Proportionalitätsfaktor

$z = \dfrac{c_{w_s}}{2}$ und formt die Gleichung um in

$$W_s = c_{w_s} \cdot \frac{\varrho}{2} \cdot v^2 \cdot f.$$

so erkennt man an zweiter Stelle die Formel des Staudruckes; es ist also auch

$$W_s = c_{w_x} \cdot q \cdot f \qquad [\text{kg}].$$

Bei symmetrisch angeströmten Körpern der betrachteten Art, die keinen Auftrieb erzeugen, bezeichnet man diese Luftkraftresultierende als »schädlichen Widerstand« und setzt für f immer[1]) die Ansichtsfläche[2]) in der Bewegungsrichtung ein. Die in erster Linie von der Form abhängige Größe des sog. Widerstandsbeiwertes c_{ws} geht aus nachstehender Zahlentafel einiger Widerstandskörper hervor.

Zahlentafel I.

Beiwerte des schädlichen Widerstandes.

Gegenstand	$\rightarrow$	c_w.
Dünne Kreisplatte	$\vert$	1,1
Offene, dünnwandige Halbkugelschale	$\mathbb{D}$	1,33
Schlanker Kreiszylinder (je nach Länge: Durchmesser)	$\Vert \; o$	0,63—1,2
Offene Halbkugelschale	$\mathbb{C}$	0,34
Kugel[3])	$\bigcirc$	0,20—0,47
Stromliniendrehkörper	$\diagup$	0,045

[1]) Der Widerstand von Luftschiffkörpern, Flugbooten und Schwimmern wird zuweilen auch auf $V^{2/3}$ bezogen, d. i. die Seitenfläche des Würfels von ihrem Volumen V.

[2]) Dieses f ist nicht zu verwechseln mit der manchmal zu Vergleichszwecken angegebenen »schädlichen Fläche« eines Körpers, d. i. diejenige ebene Fläche, welche, senkrecht gegen den Wind gestellt, den gleichen Widerstand besitzt wie der betreffende Körper.

[3]) Das Schwanken der Größe von c_{w_x} ist darauf zurückzuführen, daß diese Zahlen in zweiter Linie noch von anderen Größen abhängig sind, die im Abschnitt 4b erläutert werden.

Die dünne und ebene, senkrecht gegen den Wind gestellte Scheibe hat also den verhältnismäßig größten Widerstand; er ist etwa 25 mal so groß wie der des günstigsten Stromlinienkörpers bei gleicher Projektion in der Bewegungsrichtung und gleichem Staudruck. Ganz allgemein kann man sagen, daß der Luftwiderstand um so geringer ist, je weniger Wirbel ein Körper erzeugt; gute Rundung auf der Seite der Anströmung und günstige Abflußverhältnisse sind also anzustreben. Der Wert einer zur Widerstandsverminderung angebrachten stromlinienförmigen Verkleidung, deren Mehrgewicht im Vergleich zu den strömungstechnischen Vorteilen unbedeutend ist, geht

Abb. 8   Größenvergleich zwischen ebener Platte und Stromlinienkörper
gleichen Widerstandes.

klar aus der Abb. 8 hervor, wo eine ebene quadratische Platte einem Stromlinienkörper gegenübergestellt ist, der den 22fachen Querschnitt, aber den gleichen Widerstand hat.

Es ist in diesem Zusammenhang interessant festzustellen, wie weit ein modernes Luftschiff an den bekannten kleinsten Beiwert des Stromlinienrotationskörpers herankommt. Das deutsche Luftschiff LZ 130 von 41,2 m größtem Durchmesser erreicht mit 4 Motoren je 800 PS eine Geschwindigkeit von 120 km/h $=$ 33,4 m/s. die verfügbare Leistung beträgt also bei einem geschätzten Propellerwirkungsgrad von 80%:

$$L_v = 4 \cdot 800 \cdot 75 \cdot 0,80 \qquad [\text{mkg/s}].$$

Die erforderliche Leistung ergibt sich aus der Gleichung des schädlichen Widerstandes durch Multiplikation mit der Geschwindigkeit:

$$L_e = W_s \cdot v = c_{w_s} \cdot \frac{\varrho}{2} \cdot v^2 \cdot f \cdot v \qquad [\text{mkg/s}].$$

Setzt man $\frac{\varrho}{2} = \frac{1}{16}$ und die Ansichtsfläche des Luftschiffes in der Fahrtrichtung bei einem Zuschlag für Gondeln und Steuer-

2*

organe $f = 1340\,\mathrm{m}^2$, so ist im gleichförmigen Horizontalflug, wo die vorhandene Leistung gleich der erforderlichen sein muß,

$$4 \cdot 800 \cdot 75 \cdot 0{,}80 = c_{w_s} \cdot \frac{1}{16} \cdot 1340 \cdot 33{,}4^3,$$

also

$$c_{w_s} = \frac{2560 \cdot 75 \cdot 16}{1340 \cdot 37\,260} \approx 0{,}06.$$

b) Resultierende Luftkraft, Auftrieb und Widerstand.

Die bei Tragflügeln von Flugzeugen verwendeten symmetrischen und unsymmetrischen Querschnittsformen sind dadurch gekennzeichnet, daß sie eine verhältnismäßig große Kraftkomponente senkrecht zur Strömungsrichtung erzeugen, die man als Auftrieb nutzbar machen kann. Ebene dünne Flächen, wie man sie in den Uranfängen der Flugtechnik verwendete (bis Otto Lilienthal den Vorteil gewölbter dünner Flügel fand), ergeben keine günstige Wirkung wegen gleichzeitig auftretender, der Bewegung entgegengerichteter, großer Widerstandskräfte.

Bedeutend besser sind die im vorigen Abschnitt mit Stromlinienquerschnitt bezeichneten, vorn gerundeten und hinten spitz auslaufenden Profile geeignet, wenn ihre Symmetrieachse in einen Winkel zur Bewegungsrichtung gebracht wird. Unter gewissen Voraussetzungen ist der von solchen Flächen erzeugte Auftrieb zum Fliegen ausreichend; aber in den weitaus meisten Fällen muß ein unsymmetrischer Flügelquerschnitt verwendet werden. Die Entstehung einer Querkraft senkrecht zur Parallelströmung einer reibungsfreien Flüssigkeit läßt sich in beiden Fällen leicht aus der Bernoullischen Gleichung erklären.

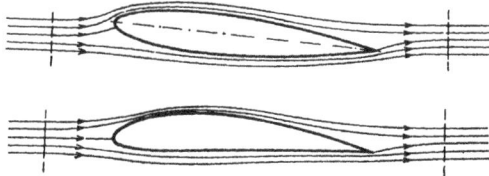

Abb. 9. Erklärung des Auftriebs in idealer Flüssigkeit aus der Geschwindigkeitsdifferenz zwischen Profilober- und -unterseite.

Wenn keine Unstetigkeit entstehen soll, müssen zwei an
der Vorderkante des Profils nach oben und unten ausweichen-
den Luftteilchen an der Hinterkante gleichzeitig ankommen,
d. h. die Strömungsgeschwindigkeit über dem Querschnitt wird
größer sein. Aus der Massenwirkung der Stromteilchen folgt
damit nach der Bernoullischen Gleichung, daß oben ein ge-
ringerer Druck herrschen wird als auf der Unterseite. Damit
ergibt sich bereits eine nach oben gerichtete Kraftwirkung, die
noch unterstützt wird durch die in der Kurvenbahn an der
Oberseite auftretenden Zentrifugalkräfte.

Die Druckdifferenz wird erhöht, wenn man das unsym-

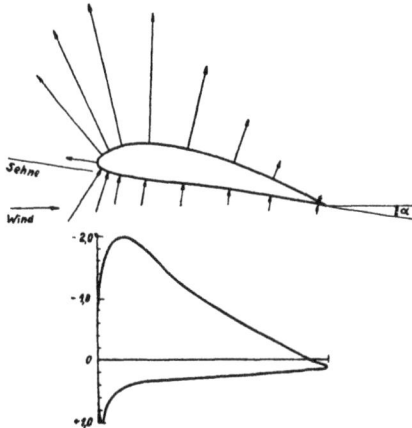

Abb. 10. Druckverteilung an einem unsymmetrischen Profil.

metrische Profil unter einem Winkel α zur Stromrichtung stellt.
Der an verschiedenen Stellen gemessene Druck ist in Abb. 10
senkrecht zur Profilbegrenzung aufgetragen und außerdem im
Diagramm über einer geraden Nullinie. Aus dem Druckverlauf
geht klar hervor, daß der Sog auf der Oberseite weit größeren
Anteil am Auftrieb hat als der Druck auf die Unterseite des
Profils. Der Tragflügel gleitet also nicht auf einem Luftpolster
(wie man ursprünglich angenommen hatte), sondern hängt
gleichsam an einem luftverdünnten Raum.

Die Druckverteilung ist im übrigen von der Querschnitts-
form abhängig und ändert sich weitgehend mit dem sog.

Anstellwinkel α zwischen Bewegungsrichtung und
Profilsehne. Als solche wird bei symmetrischen Flügel-
schnitten die Symmetrieachse, bei unsymmetrischen, aber
beiderseits konvexen Querschnitten die Verbindungsgerade
der Profilhinterkante mit dem Mittelpunkt des Krümm-
ungskreises der Vorderkante und bei allen übrigen Formen
die von der Hinterkante an die Druckseite gelegte Tangente
bezeichnet.

Für die statische und Festigkeitsberechnung von Trag-
flügelrippen wird die genaue Druckverteilung bestimmt werden müssen; für alle flugmechanischen Ermittlungen genügt
die Kenntnis der Resultierenden R aller am Profil wirkenden Luftkräfte nach Größe, Lage und Richtung.

Zwischen den Versuchsergebnissen und der Theorie, die
alle aus der Zähigkeit der Luft und Oberflächenrauhigkeit
des Flügels herrührenden Tangentialkräfte vernachlässigt, muß
sich hier, ebenso wie bei den nichttragenden Widerstandskör-
pern, eine Unstimmigkeit ergeben. Sie zeigt sich darin, daß
die resultierende Luftkraft nicht senkrecht zur ungestörten
Parallelströmung steht, sondern nach rückwärts geneigt ist.
Neben der senkrecht zur Bewegungsrichtung verlaufenden
Auftriebskomponente A ergibt sich also eine der Bewegung
entgegenwirkende Kraft W_p, die Profilwiderstand genannt
wird und nach ihrem Ursprung in einen Form- und einen
Reibungswiderstand zerfällt:

$$W_p = W_f + W_r.$$

Solange die Strömung um ein Tragflügelprofil als ebenes
Problem[1]) betrachtet wird, soll er als Widerstand schlechthin
bezeichnet werden.

Für die Resultierende aller Luftkräfte und jede ihrer
Komponenten gilt das gleiche wie für den schädlichen Widerstand aus Dimensionsbetrachtungen gefundene Gesetz: Sie
sind proportional der Dichte der Luft, dem Geschwindigkeitsquadrat und einer Fläche.

---

[1]) Es wird hier vorausgesetzt, daß alle in Flugrichtung durch
den Tragflügel gelegten parallelen Schnittebenen das gleiche Strömungsbild zeigen.

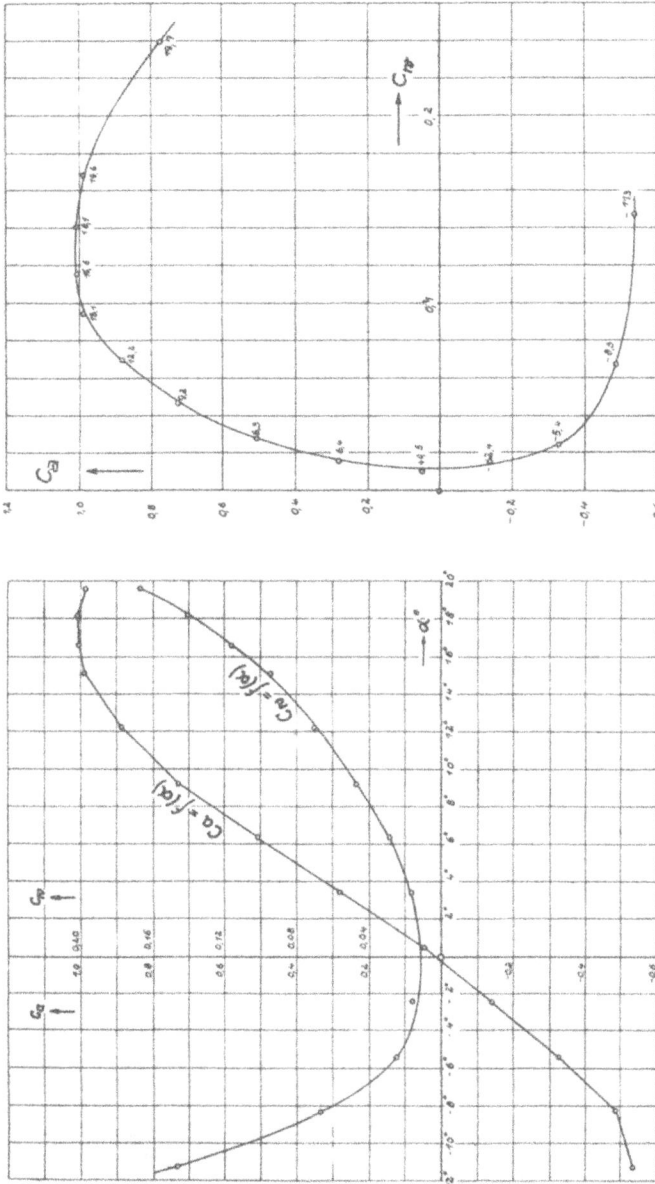

Abb. 11. Auftriebs- und Widerstandszahlen des Göttinger Profils 677 (NACA-Profil M-6), dargestellt
a) über dem Anstellwinkel,
b) im Polardiagramm.

Luftkraftresultierende $R = c_r \cdot \dfrac{\varrho}{2} \cdot F \cdot v^2$

Auftrieb $\qquad\qquad A = c_a \cdot \dfrac{\varrho}{2} \cdot F \cdot v^2$ $\Bigg\}$ [kg].

Widerstand $\qquad\quad W = c_w \cdot \dfrac{\varrho}{2} \cdot F \cdot v^2$

Als Bezugsfläche wählt man bei Auftrieb erzeugenden Flugzeugteilen die Tragfläche F, d. i. die größte Projektion des Flügels. Die dimensionslosen Beiwerte, welche jeweils das Formelzeichen ihrer Kraft als Index erhalten, sind im wesentlichen von der Profilform (vgl. Abschnitt 4c) und vom Anstellwinkel abhängig. Rechnung und Versuch ergeben übereinstimmend einen linearen Zusammenhang zwischen c_a und α im praktisch wichtigsten Flugbereich, wo c_w seine kleinsten Werte hat. Bei größeren und kleineren Anstellwinkeln wächst der Widerstandsbeiwert rasch an und kommt damit in die gleiche Größenordnung wie c_a, wodurch ein normaler Flug unmöglich wird.

Die aerodynamischen Versuchsanstalten bevorzugen zur übersichtlichen Darstellung ihrer in Zahlentafeln niedergelegten Messungsergebnisse das aus verschiedenen Gründen besonders zweckmäßige Polardiagramm[1]), in welchem der Zusammenhang zwischen c_a und c_w durch eine Kurve[2]) wiedergegeben und jedem Meßpunkt der zugehörige Anstellwinkel beigeschrieben wird.

c) Normal- und Tangentialkraft, Flügelmoment.

Während die Komponenten Auftrieb und Widerstand des flugbahnfesten Koordinatensystems bei strömungstechnischen Messungen und bei Berechnungen des Kräftegleichgewichtes verwendet werden, macht sich für statische Gesichtspunkte und Ermittlungen des Momentengleichgewichtes eine Zer-

---

[1]) Die Bezeichnung dieser zuerst von Lilienthal verwendeten, später durch Eiffel abgeänderten Darstellungsweise ergibt sich aus dem Zusammenhang, daß vom Koordinatenanfang nach der c_a-c_w-Kurve gezogene Strahlen den Beiwert und die Richtung der Luftkraftresultierenden angeben; vgl. auch Abschnitt 1 b im II. Hauptteil.

[2]) Der Beiwert c_w wird im Polardiagramm stets im fünffachen Maßstab von der im praktischen Bereich größeren und stärker schwankenden Auftriebszahl c_a aufgetragen.

legung der resultierenden Luftkraft nach flügelfesten Achsen
erforderlich. Man erhält dann in Richtung der Profilsehne

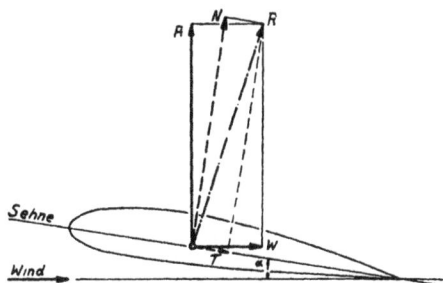

Abb. 12. Komponenten der Luftkraftresultierenden in zwei Koordinaten-
systemen.

die Tangentialkraft

$$T = c_t \cdot \frac{\varrho}{2} \cdot F \cdot v^2 \qquad [\text{kg}]$$

und senkrecht dazu die Normalkraft

$$N = c_n \cdot \frac{\varrho}{2} \cdot F \cdot v^2 \qquad [\text{kg}].$$

Die Beziehungen zwischen der Luftkraftresultierenden und
ihren Komponenten ergeben sich aus den entsprechenden
Kräftedreiecken; von Bedeutung ist dabei eigentlich nur

$$R = \sqrt{A^2 + W^2}$$

in der häufig benutzten Form

$$c_r = \sqrt{c_a{}^2 + c_w{}^2},$$

die sich bei Division dieser Gleichung durch $q \cdot F$ ergibt.

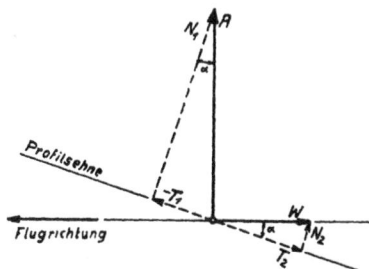

Abb. 13. Hilfsfigur zur Umrechnung der flugbahnfesten Luftkraftkomponenten
in solche des flügelfesten Achsensystems.

Will man T und N aus Auftrieb und Widerstand ermitteln, so denkt man sich nach Abb. 13 die Seitenkräfte A und W in Richtung der profilfesten Achsen zerlegt; dann ist

$$N = \quad N_1 + N_2$$
$$T = -\,T_1 + T_2$$

$$N = \quad A \cdot \cos \alpha + W \cdot \sin \alpha \qquad \text{[kg]}$$
$$T = -\,A \cdot \sin \alpha + W \cdot \cos \alpha \qquad \text{[kg]}.$$

In manchen Fällen wird es zweckmäßiger sein, an Stelle der Kräfte mit deren Beiwerten zu arbeiten und diese unmittelbar aus den Versuchsergebnissen zu berechnen:

$$c_n = \quad c_a \cdot \cos \alpha + c_w \cdot \sin \alpha$$
$$c_t = -\,c_a \cdot \sin \alpha + c_w \cdot \cos \alpha.$$

Nun beanspruchen aber die Luftkräfte den Tragflügel nicht nur auf Stirndruck (T) und Biegung (N), sondern sie zeigen auch das Bestreben ihn zu verdrehen. Die Größe des Drehmomentes ergibt sich aus der Verteilung der Luftkräfte

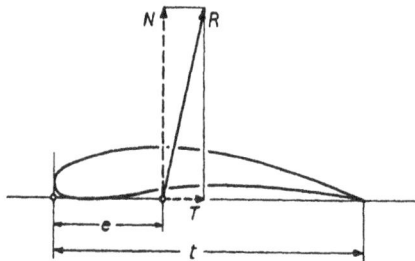

Abb. 14. Abstand des Druckmittels vom Momentenbezugspunkt.

um das Profil und läßt sich aus der Lage der Luftkraftresultierenden berechnen, sobald der Schnittpunkt ihrer Mittellinie mit der Profilsehne bekannt ist. Diesen Angriffspunkt der Luftkraftresultierenden nennt man Druckpunkt[1]), Druckmittelpunkt oder auch kurz Druckmittel; seine Entfernung von dem üblicherweise als Momentenbezugspunkt angenom-

---

[1]) Dieser Punkt ist nicht mit dem tief unter dem Flügelprofil liegenden Brennpunkt zu verwechseln, in welchem sich die Luftkraftresultierenden fast aller Anstellwinkel des üblichen Flugbereiches schneiden.

menen vordersten Punkt der Profilsehne wird mit Druckmittelabstand e bezeichnet. Damit ist nach Abb. 14 das **Dreh-
moment der Luftkräfte**

$$M = e \cdot N = e \cdot c_n \cdot q \cdot F \qquad \text{[mkg]}.$$

Wird diese Gleichung durch eine Strecke dividiert, beispielsweise die bekannte Profiltiefe[1]) t, so erhält man offenbar
wieder eine Kraft[2]); sie muß dieselbe Grundgleichung haben
wie alle Luftkräfte und erhält den Beiwert c_m:

$$\frac{M}{t} = \frac{e}{t} \cdot c_n \cdot q \cdot F = c_m \cdot q \cdot F \qquad \text{[kg]}.$$

Hieraus folgt der **Druckmittelabstand**

$$e = t \cdot \frac{c_m}{c_n} \qquad \text{[m]}.$$

Bei kleinen Anstellwinkeln zwischen Profilsehne und Bewegungsrichtung (vgl. Abb. 13) wird auch der Winkel zwischen
Auftrieb und Normalkraft klein und damit $A \approx N$, so daß
für Berechnungen des normalen Flugzustandes die Genauigkeit
der Formel

$$e \approx t \cdot \frac{c_m}{c_a} \qquad \text{[m]}$$

genügt. Nimmt der Anstellwinkel noch weiter ab, so wächst
der Druckmittelabstand rasch an und geht gegen unendlich,
wenn bei einem gewissen negativen α schließlich $c_n = 0 \approx c_a$
ist. Der zu diesem Anstellwinkel gehörige Wert von c_m ist
sehr von der Profilform abhängig, und zwar steigt er mit der
Wölbung an. Ist c_m gleichzeitig Null, was aber nur bei symmetrischen Profilen der Fall sein kann oder bei solchen gewölbten Querschnitten, deren kopflastiges Moment — es soll
hier immer positiv gerechnet werden — durch einen S-förmigen
Verlauf der Profilmittellinie[3]) wieder ausgeglichen wurde (wie
beispielsweise beim NACA-Profil M-6), so bleibt die Druck-
mittellage konstant. Und zwar im ganzen Anstellwinkelbereich,

---

[1]) Unter der Tiefe eines Profils versteht man die Länge seiner
größten Projektion.

[2]) Sie greift senkrecht zur Sehne an der Profilhinterkante an
und erzeugt das gleichgroße Flügelmoment wie die Normalkraft.

[3]) Vgl. Abschnitt 4c.

wo c_m und c_n proportional zu α verlaufen, denn dort ist $\dfrac{c_m}{c_n}$ = konst.

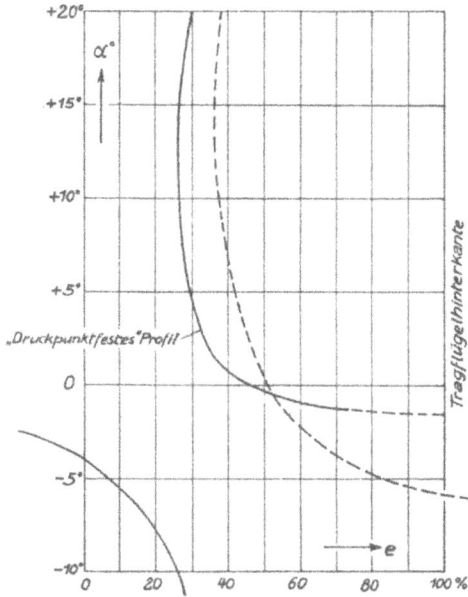

Abb. 15. Druckmittelwanderung eines normalen Profils und eines solchen mit S-förmig geschwungener Mittellinie.

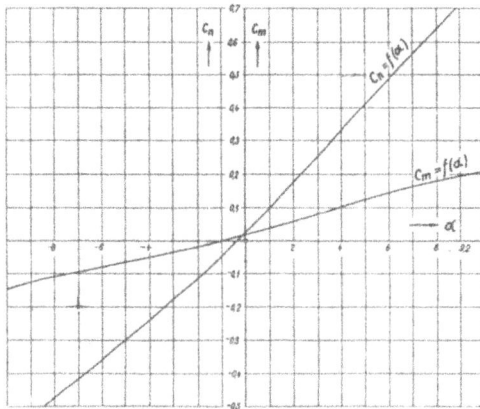

Abb. 16. Normalkraft- und Momentenbeiwert als Funktionen des Anstellwinkels beim druckpunktfesten Profil *M-6*.

Im Polardiagramm ist das druckpunktfeste Profil dadurch erkennbar, daß die strichpunktierte Linie $c_m = f(c_a)$ mehr oder weniger genau durch den Koordinatenanfang geht[1]).

Bei allen anderen gewölbten Querschnittsformen zeigt die besonders für Stabilitäts- und statische Berechnungen wichtige Druckmittelwanderung den in Abb. 17 am Profil Göttingen 386 gezeigten charakteristischen Verlauf. Die Luftkraftresultierende, deren Größe und Richtung durch Pfeile gekennzeichnet ist, schneidet (vgl. auch Abb. 15) bei 0° Anstellwinkel[2]) die Profilsehne in etwa 38% der Flügeltiefe von vorn, erreicht bei wachsendem α die größten c_a-Werte in

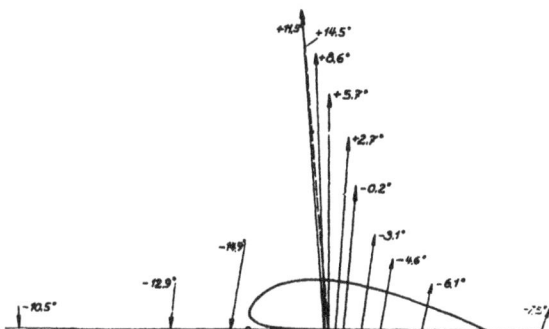

Abb. 17. Lage, Größe und Richtung der resultierenden Luftkraft bei verschiedenen Anstellwinkeln.

$\approx 33\%$ und rückt nach Erreichen der vordersten Lage (in 32%) wieder langsam bis kurz vor die Flügelmitte zurück.

Wie schon erwähnt, wandert das Druckmittel bei negativen Anstellwinkeln[3]) rasch ins Unendliche und die Normalkraft fällt ab bis auf Null. Die Gesamtluftkraft, jetzt nur mehr Widerstand, verläuft in großem Abstand (meist $\approx 1,75$ mal

---

[1]) Vgl. die c_m-Linie des symmetrischen Göttinger Profils 411 in Abb. 43.

[2]) Im Bereich großer Anstellwinkel ist die Luftkraft nach vorn geneigt; die Tangentialkraft wird dann negativ gerechnet.

[3]) Dünne ebene Flächen zeigen ein entgegengesetztes Verhalten; für $\alpha = 0°$ ist bei ihnen keine Normalkraft und kein Moment vorhanden. Mit zunehmendem positiven oder negativen Anstellwinkel wächst Auftrieb und Moment an und das Druckmittel wandert von der Vorderkante nach der Flächenmitte.

der Flügeltiefe) parallel zur Sehne unter dem Flügel und übt ein großes kopflastiges Moment aus. Mit noch kleiner werdendem α erscheint dann die resultierende Luftkraft, aus dem Unendlichen kommend, mit umgekehrtem Richtungssinn vor dem Profil (vgl. auch Abb. 15) und wandert nach der Profilmitte zu. Dieses Verhalten macht eine unmittelbare Angabe des Druckpunktabstandes, etwa in Prozenten der Flügeltiefe, für manche Anstellwinkel unmöglich oder doch zumindest sehr unbequem, so daß in den Versuchsergebnissen stets nur die leicht interpolierbaren Momentenbeiwerte c_m in Abhängigkeit von α angeführt sind. Aus dem gleichen Grunde ist es in vielen Fällen zweckmäßiger, statt mit Normalkraft und Druckmittelabstand, unmittelbar mit dem Flügelmoment

$$M = c_m \cdot q \cdot F \cdot t \qquad \text{[mkg]}$$

zu rechnen, das immer einen endlichen Wert besitzt.

d) Zirkulationstheorie.

Das Strömungsbild, welches sich aus der Erklärung des Auftriebs in einer Parallelströmung nach Abb. 9 ergibt, stimmt so wenig mit der Erfahrung überein, daß die Zähigkeit der Luft nicht als ausreichende Erklärung für diese Abweichung angesehen werden kann. Auch für reibungsfreie Flüssigkeiten wird ein besser zutreffender Strömungsverlauf gefunden durch Überlagerung der Parallelströmung mit einer Wirbelbewegung. Man vergegenwärtigt sich die Zusammenhänge am besten an einem Kreiszylinder, um dessen Querschnitt eine zeitlich unveränderliche, also stationäre Strömung, in konzentrischen Bahnen kreist und zunächst als gegeben hingenommen wird.

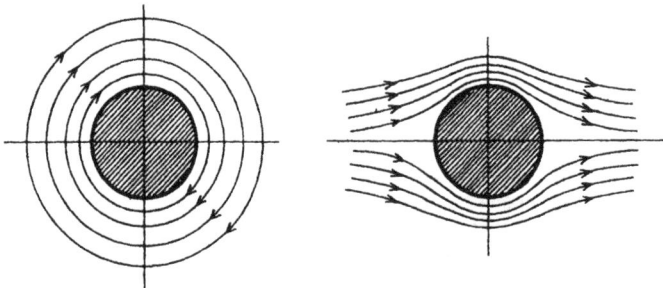

Abb. 18a u. b. Zirkulation und Parallelströmung.

Überlagert man dieses Wirbelgebiet jetzt mit einer Parallelströmung, so addieren die Geschwindigkeiten sich oberhalb und
subtrahieren sich unterhalb des Zylinders. Damit muß nach
der Bernoullischen Gleichung oben ein Unterdruck, unten ein
Überdruck entstehen, d. h. eine senkrecht zur Anströmrichtung
stehende Auftriebsquerkraft[1]).

Da in bezug auf die Y-Achse das gesamte Strömungsbild
symmetrisch verläuft, ist in idealer Flüssigkeit keine Kraft
in der X-Richtung zu erwarten. Die Druckverteilung verläuft
also theoretisch vollkommen spiegelbildlich gleich; vorderer

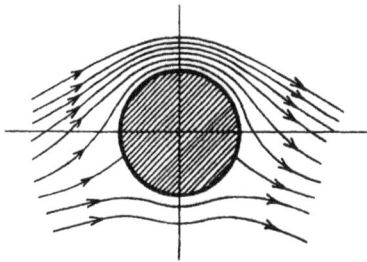

Abb 18c   Überlagerung von Zirkulation und Parallelströmung.

und hinterer Staupunkt rücken aus der X-Achse nach unten
und zwar um so weiter, je stärker die Zirkulation ist.

Überträgt man jetzt diese Überlagerung von paralleler
und zirkulatorischer Strömung vom Kreisquerschnitt auf das
Profil eines Tragflügels, so erhält man einen für kleine Anstellwinkel mit den Versuchen gut übereinstimmenden Verlauf der
Stromlinien.

Da nach einem der Helmholtzschen Wirbelsätze[2]) in einer
idealen Flüssigkeit eine Drehbewegung von Luftteilchen nicht
entstehen kann, bleibt die Schwierigkeit, den Ursprung der

---

[1]) Diese Erscheinung wurde 1852 von dem Berliner Physiker
Magnus entdeckt; Flettner verwendete den Magnus-Effekt zum An-
trieb seines Rotorschiffes.

[2]) Die beiden anderen Helmholtzschen Wirbelsätze der klassischen Hydrodynamik besagen, daß die Zirkulation um einen Wirbel-
faden über seine ganze Länge unverändert bleibt; er besteht immer
aus den gleichen Flüssigkeitsteilchen und kann, sofern er nicht in
sich geschlossen ist, nur an einer Körperoberfläche oder im Unendlichen endigen.

Zirkulationsströmung um ein Flügelprofil zu erklären. Am anschaulichsten ist die von Prandtl gegebene Erklärung, welche

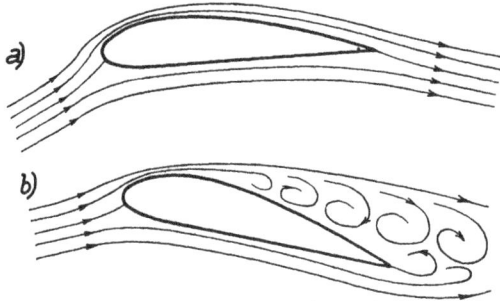

Abb. 19a. Aus der Zirkulationstheorie gefundenes, durch Versuche bestätigtes Bild der Strömung um ein Tragflügelprofil bei kleinem α, b) Abgerissene Strömung bei großem Anstellwinkel.

auf die innere Reibung der Luft beim Beginn der kreisenden Strömung zurückgreift. Im Anfangsstadium der Bewegung des Tragflügels löst sich von der Unterseite ein Wirbel ab, der sog. Anfahrwirbel, den man versuchsmäßig leicht nach weisen kann. Als Reaktion auf diesen Wirbel entsteht die

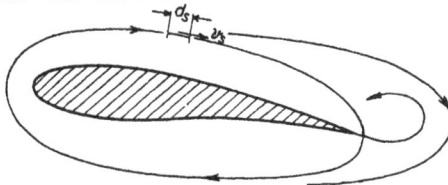

Abb. 20. Der »Anfahrwirbel« nach Prandtl.

gleichgroße aber entgegengesetzt drehende Zirkulationsströmung, die bei kleinen Anstellwinkeln praktisch konstant bleibt, während der Anfahrwirbel sich vom Profil loslöst und stromabwärts wandert.

Die wirklichen Luftkräfte um den Kreiszylinder und am Tragflügelprofil stehen in Widerspruch zu den aus der Zirkulationstheorie erhaltenen. Beim Kreiszylinder gibt die Ablösung der in einer zähen Flüssigkeit unvermeidbaren Wirbelschleppe eine ausreichende Erklärung für das Auftreten eines Formwiderstandes neben dem Auftrieb. Am Tragflügelprofil können diese Unstetigkeiten in der Zirkulationsbewegung nur bei kleinen Anstellwinkeln den Druckverlauf erklären; bei großem α versagt die Theorie, denn die Zirkulation reißt vollständig ab, und die Luft bildet auf der Abströmseite ein großes Totwasser- und Wirbelgebiet.

Abschnitt 3. Strömung im Raum.

a) Induzierter Widerstand.

Die bisher betrachteten Strömungsbilder an Tragflügelprofilen waren eben, können also nur an Flügeln von ∞ großer Spannweite auftreten, wo in jedem Querschnitt der Strömungsverlauf der gleiche ist. Begrenzt man jetzt den Trag-

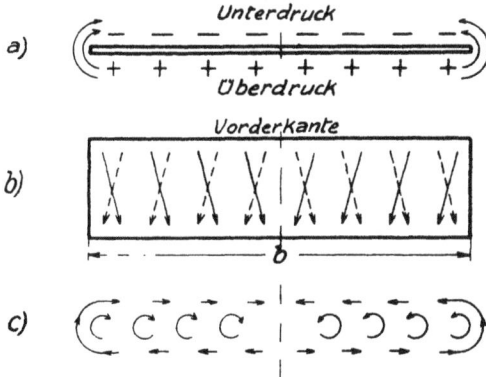

Abb 21   Druckausgleich zwischen Ober- und Unterseite beim Flügel mit endlicher Spannweite·
a) Umströmen der Flügelenden,
b) nach innen bzw. außen gerichtete Geschwindigkeitskomponenten über und unter der Tragfläche,
c) Unstetigkeitsfläche kurz hinter dem Flügel.

flügel, gibt ihm also eine endliche Spannweite b, so kann die Luft infolge des Druckunterschiedes zwischen Tragflächenunter- und -oberseite seitwärts ausweichen und die Flügelenden von unten nach oben umströmen.

Dadurch wird die Luft über dem Flügel nach innen, unter dem Flügel nach außen gerichtete Geschwindigkeitskomponenten erhalten, die beim Überschreiten der Profilhinterkante in der Strömung noch vorhanden sind, also dort eine Unstetigkeitsfläche erzeugen. Zwischen den beiden Schichten

entgegengesetzt gerichteter Strömung bildet sich ein Banɑ
von paarweise gleichen, aber widersinnig drehenden Wirbeln,
die hinter dem Flügel eine im wesentlichen nach abwärts ge-
rɪchtete Geschwindigkeit »induzieren« und sich schließlich in
zwei sog. Wirbelzöpfe aufrollen. Gleichzeitig wird der
wirksame Anstellwinkel zwischen Profilsehne und Stromrichtung um denselben Winkel verkleinert, um welchen die
Parallelströmung nach unten abgelenkt wird; die zur Bewegungsrichtung senkrecht stehende Auftriebskraft neigt sich
ebenfalls um diesen Winkel nach rückwärts und es entsteht
damit ein Widerstand W_i.

Man kann den Zusammenhang auch so darstellen, daß der
Flügel die durch Ablösung der Wirbel verlorengehende Energie

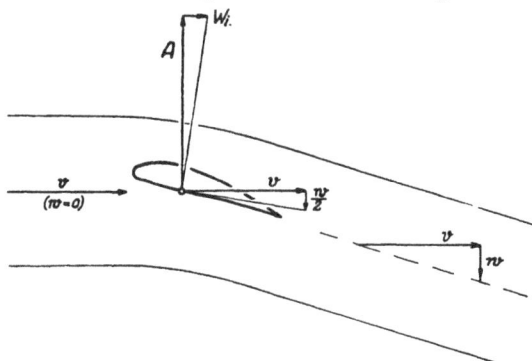

Abb. 22. Abwind am Tragflügel und induzierter Widerstand.

ständig neu erzeugen, also einen Widerstand überwinden muß.
Diese von der Profilform durchaus unabhängige und nur durch
das Umströmen der Flügelenden entstehende und der Bewegung entgegenwirkende Kraft wird wegen der Ähnlichkeit mɪt
Vorgängen der Elektrizitätslehre[1]) als induzierter Widerstand W_i, bei Eindeckern auch als Randwiderstand bezeichnet. Eine Gleichung zu seiner Berechnung läßt sich aus dem
Kräftedreieck und dem winkelgleichen Geschwindigkeitsdreieck

---

[1]) Das Geschwindigkeitsfeld eines Potentialwirbels (d. i. die
Zirkulation um einen Linienzug) entspricht dem magnetischen Felde
eines in der Achse des Wirbelfadens verlaufenden stromdurchflosse-
nen Drahtes.

der Abb. 22 entnehmen:

$$W_i : A = \frac{w}{2} : v$$

$$W_i = \frac{A \cdot w}{2 \cdot v}.$$

Da die Abwärtsgeschwindigkeit der Luft vor der Tragfläche Null ist und in einiger Entfernung hinter ihr $w\,[\mathrm{m/s}]$ beträgt, ist hier am Flügel eine mittlere Abwärtsgeschwindigkeit $\frac{w}{2}$ zugrunde gelegt worden. Nimmt man ferner an, daß die Strömung nur in einem den Tragflügel umgebenden Querschnitt F' nach unten abgelenkt wird, während sie außerhalb dieser Luftsäule vom Flügel unbeeinflußt bleibt, so ist nach dem Gesetz von Wirkung und Gegenwirkung die pro Sekunde neu erzeugte Bewegungsgröße, der Impuls[1]) der abwärtsbewegten Luftmenge, im Gleichgewicht mit den entsprechenden (d. h. nach aufwärts gerichteten) Komponenten der äußeren Kräfte, also entgegengesetzt gleich dem entstandenen Auftrieb:

$$\varrho \cdot F' \cdot v \cdot w = A \qquad [\mathrm{kg}].$$

Durch Einsetzen von $w = \dfrac{A}{\varrho \cdot v \cdot F'}$ in die obenstehende Gleichung erhält man

$$W_i = \frac{A^2}{2 \cdot \varrho \cdot v^2 \cdot F'} = \frac{2}{\varrho \cdot v^2} \cdot \frac{A^2}{4 \cdot F'}$$

$$W_i = \frac{A^2}{4 \cdot q \cdot F'}. \qquad [\mathrm{kg}]$$

Man kann die dreidimensionale Strömung am Tragflügel auch vom Standpunkt der Zirkulationstheorie betrachten. Da in einer reibungsfreien Flüssigkeit kein Wirbel aufhören kann, muß sich die den Auftrieb erzeugende Zirkulationsbewegung an den seitlichen Enden eines Tragflügels stromabwärts fortsetzen. Es entstehen so die zwei bereits obengenannten Wirbelzöpfe, welche zusammen mit der die Profile umkreisenden Strömung einen »Hufeisenwirbel« bilden.

---

[1]) Der mechanische Grundbegriff des Impulses ist = Masse in der Zeiteinheit × Geschwindigkeit, hier also: Masse der pro Sekunde durch den Querschnitt F' strömenden Luft × der ihr erteilten Abwärtsgeschwindigkeit.

Aber nicht nur an den Tragflächenenden, auch an jeder
beliebigen anderen Stelle des Flügels lösen sich Wirbel ab und
werden von der Strömung nach rückwärts getragen, so daß
in Wirklichkeit eine ganze Anzahl von Hufeisenwirbeln vorhanden ist. Da der Auftrieb mit der Stärke der Zirkulation
abnimmt, diese wieder mit wachsender Zahl der abgelösten
Wirbel, so wird der Auftrieb von der Flügelmitte nach außen
im Maß der freiwerdenden Wirbel
abnehmen. Weil anderenteils die
Anzahl und Anordnung der freien
Wirbel die Stärke des Abwindge-
bietes hinter dem Tragflügel und
damit die Größe des induzierten
Widerstandes bedingt, erkennt man

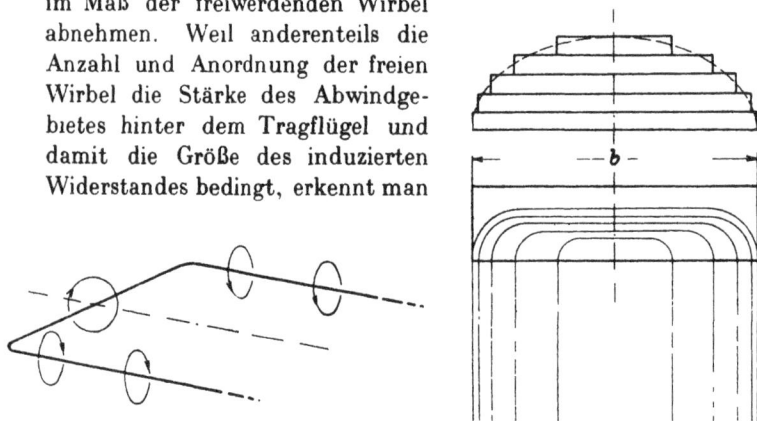

Abb 23 Hufeisenwirbel und Auftriebsverteilung

den Zusammenhang zwischen W_i und der Auftriebsverteilung.

Aus der oben aufgestellten Formel $w = A/\varrho \cdot v \cdot F'$ geht
klar hervor, daß die mittlere Abwindgeschwindigkeit um so
kleiner ist, je größer die Masse der abgelenkten Luftsäule. d. h.
je größer deren Querschnitt F' bei gegebener Geschwindigkeit
und Dichte ist. Der vom Tragflügel beeinflußte Strömungs-
querschnitt erreicht bei unveränderlichem Auftrieb und Staudruck dann seinen Größtwert, wenn die Abwärtsgeschwindigkeit an jeder Stelle der Flügelspannweite gleich groß ist. In
diesem Falle ist die Zirkulation und damit der Auftrieb nach
Form einer Halbellipse[1]) über die Spannweite verteilt und

---

[1]) Diese von der Theorie angegebene und von der Praxis be-
stätigte günstigste Form der Auftriebsverteilung ist nicht streng mathematisch begründet; die Gleichung der Ellipse ist nur die einfachste
unter den in Frage kommenden geeigneten Verteilungsfunktionen

$$F' = \frac{\pi \cdot b^2}{4},$$

also gleich der Kreisfläche[1]) mit dem Durchmesser b. Damit erhält man den kleinstmöglichen induzierten Widerstand bei gegebener Spannweite, gegebenem Staudruck und Gesamtauftrieb:

$$W_i = \frac{A^2}{\pi \cdot q \cdot b^2} \qquad [\text{kg}].$$

Sein Beiwert ergibt sich aus den beiden Grundgleichungen

$$W_i = c_{w_i} \cdot q \cdot F$$
$$A = c_a \cdot q \cdot F$$

$$c_{w_i} \cdot q \cdot F = \frac{c_a^2 \cdot q^2 \cdot F^2}{\pi \cdot q \cdot b^2}$$

$$c_{w_i} = \frac{c_a^2}{\pi} \cdot \frac{F}{b^2}.$$

Für rechteckige Tragflügel ist $F = b \cdot t$ und damit

$$c_{w_i} = \frac{c_a^2}{\pi} \cdot \frac{t}{b}.$$

b) Streckung, Umriß und Schränkung des Flügels.

Aus den beiden Formeln des induzierten Widerstandes und seines Beiwertes geht die überragende Bedeutung der großen Spannweite unter sonst gleichen Bedingungen hervor. Da für jeden Modell- oder Flugzeugtragflügel die Flügelstreckung[2]) $\Lambda = \dfrac{b^2}{F}$ bzw. ihr reziproker Wert, das Seiten-

---

[1]) Die gleichfalls aus der Theorie sich ergebende Flächenangabe ist nur als anschauliches Maß für den Querschnitt der abgelenkten Luftsäule anzusehen und nicht so zu verstehen, daß ein Kreiszylinder mit der Flügelspannweite als Durchmesser die von der Tragfläche beeinflußte Strömung umschließt

[2]) Man findet zuweilen auch die Bezeichnung »Seitenverhältniszahl«.

verhältnis $\frac{F}{b^2} = \frac{1}{A}$ eine bestimmte Größe[1]) hat, stellt

$$c_{w_i} = c_a{}^2 \cdot \frac{1}{\pi \cdot A}$$

die Scheitelgleichung einer Parabel dar. Man nennt sie R a n d - w i d e r s t a n d s p a r a b e l nach dem Ursprung des induzierten Widerstandes. Die Göttinger Profilmessungen werden fast immer an Modellflügeln mit dem Seitenverhältnis 1 : 5 aus- geführt und enthalten demnach in allen Polardiagrammen (vgl. die Abbildungen im Abschnitt 4c) die gleiche Parabel. Mit wachsender Flügelstreckung werden die Randwiderstandspara- beln immer flacher, bis sie beim ∞ breiten Tragflügel — der ja keinen induzierten Widerstand besitzt — in die Ordinaten- achse übergehen.

Es ist einer der Vorzüge des Polardiagrammes, daß man durch Einzeichnen dieser Parabel den Widerstandsbeiwert eines Tragflügels in seine Hauptbestandteile

$$c_w = c_{w_i} + c_{w_p}$$

zerlegen und durch Multiplikation dieser Gleichung mit $q \cdot F$ natürlich auch die Kräfte selbst bestimmen kann:

$$W = W_i + W_p \qquad [kg].$$

In einer idealen Flüssigkeit ist der durch das Umströmen der Flügelenden entstehende induzierte Widerstand die ein- zige Kraft in der Strömungsrichtung; der in wirklicher und damit zäher Flüssigkeit noch hinzutretende P r o f i l w i d e r -

---

[1]) Einige Beispiele für das Seitenverhältnis bekannter Ma- schinen:

Motorflugzeuge.

Rekord-Rennflugzeug Macchi-Castoldi	1 : 5,4
Schnellverkehrsflugzeug Heinkel He-70	1 : 6
Reiseflugzeug Klemm Kl. 31	1 : 8,6
Reiseflugzeug Fieseler Fi-97	1 : 7,5
Sportflugzeug Bayr. Flugzeug-Werke M-28	1 : 9,4

Motorlose Flugzeuge.

Schulgleiter R.R.G. »Zögling«	1 : 6,3
Zweisitzer Schleicher »Poppenhausen«	1 : 9,3
Übungs-Segelflugzeug Grunau »Baby II«	1 : 12,8
Segelflugzeug Jacobs »Rhönsperber«	1 : 15,4
Leistungssegelflugzeug Lippisch »Fafnir II«	1 : 19,0

stand[1]) dagegen ist praktisch unabhängig von der Flügelstreckung. Das ermöglicht die Umrechnung der mit einem
bestimmten $F_1/b_1{}^2$ gewonnenen Versuchsergebnisse auf einen
Flügel mit gleichem Profil aber anderem Seitenverhältnis

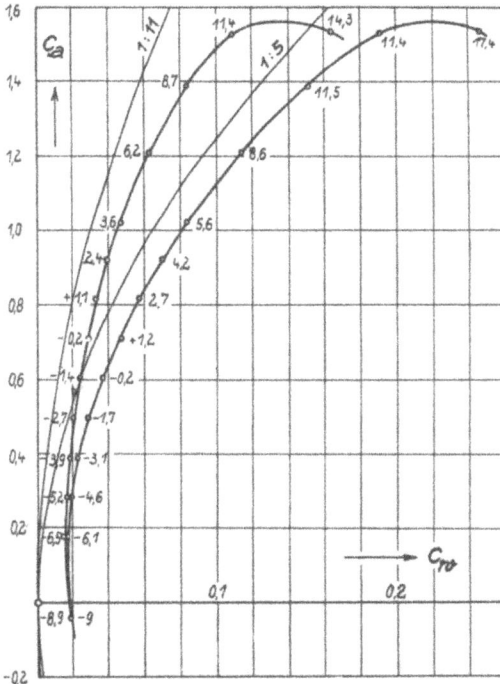

Abb. 24. Änderung einer Tragflügelpolare bei Umrechnung vom Seitenverhältnis 1 : 5 auf 1 : 11.

$F_2/b_2{}^2$. Die durch eine größere Flügelstreckung verursachte
Verkleinerung der Widerstandsbeiwerte ist dann

$$\Delta c_w = c_{w_1} - c_{w_2} = c_{w_{i_1}} - c_{w_{i_2}}$$

$$\Delta c_w = \frac{c_{a_1}{}^2}{\pi} \cdot \frac{F}{b_1{}^2} - \frac{c_{a_2}{}^2}{\pi} \cdot \frac{F}{b_2{}^2}.$$

---

[1]) Im Hinblick auf seinen bei guten Flügelquerschnitten im
üblichen Anstellwinkelbereich kleinen Wert, verglichen mit dem des
induzierten Widerstandes, wird er als Differenz $W - W_i$ auch mit
Restwiderstand bezeichnet.

Es genügt aber nicht, die Profilwiderstandsbeiwerte durch
diese Umrechnung gleichsam nach links zu verschieben und
sie an die Parabel der größeren Flügelstreckung anzusetzen.
Man hat noch zu beachten, daß infolge der Verminderung des
Abwindes am Tragflügel der wirksame Anstellwinkel vergrößert
wird; d. h. zur Erzielung des gleichen Auftriebsbeiwertes benötigt der breitere Flügel nur einen kleineren geometrischen
Anstellwinkel.

Mit anderen Worten: Das Umströmen der Flügelenden
und der hiermit verbundene Druckausgleich vermindert den
Auftrieb bzw. seinen Beiwert c_a und zwar um so mehr, je kleiner bei gleichbleibendem Anstellwinkel die Spannweite wird.
Umgekehrt: Führt man die punktweise Umrechnung der Versuchsergebnisse auf einen schlankeren Flügel wie üblich mit
unveränderten Auftriebsbeiwerten $c_{a_1} = c_{a_2} = c_a$ durch, wobei die obenstehende Formel sich vereinfacht zu

$$\Delta c_w = \frac{c_a{}^2}{\pi} \cdot \left(\frac{F}{b_1{}^2} - \frac{F}{b_2{}^2} \right),$$

so muß der Anstellwinkel der 2. Ausführung verkleinert werden und zwar nach Abb. 25 um den Betrag

$$\Delta \alpha = \frac{c_{w_{i_1}}}{c_{a_1}} - \frac{c_{w_{i_2}}}{c_{a_2}} = \frac{c_{w_{i_1}} - c_{w_{i_2}}}{c_a}$$

im Bogenmaß, wenn man wegen der kleinen Winkel, Bogen

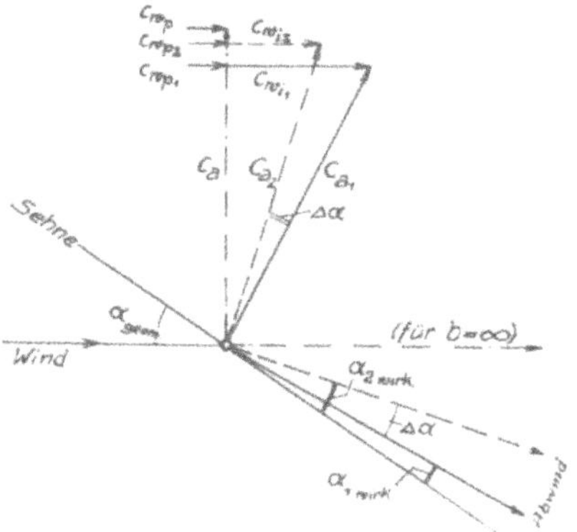

Abb. 25 Beziehung zwischen der Abwindwinkeldifferenz und den Auftriebs-
und Widerstandszahlen (schematisch).

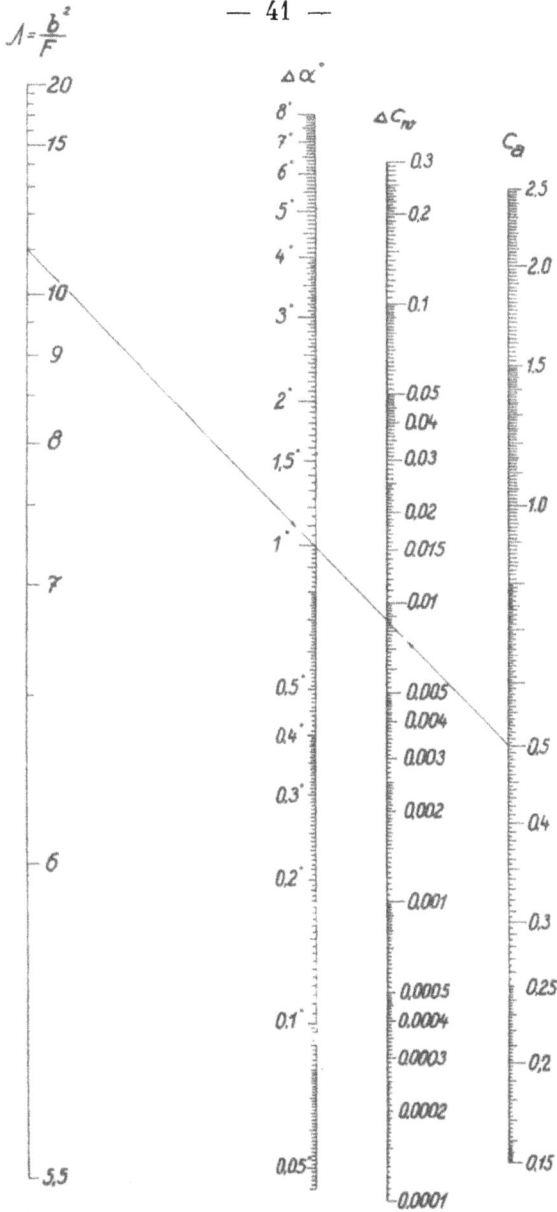

Abb. 26. Nomogramm für die Umrechnung von Messungsergebnissen mit dem Seitenverhältnis 1 : 5 auf Flügel beliebiger anderer Streckung

und Tangente vertauscherr kann; das ist nach der als bekannt vorauszusetzenden Umrechnung in Grad:

$$\Delta\,\alpha^0 = \alpha_1{}^0 - \alpha_2{}^0 = \frac{57{,}3^0}{c_a} \cdot \frac{c_a{}^2}{\pi} \cdot \left(\frac{F_1}{b_1{}^2} - \frac{F_2}{b_2{}^2}\right).$$

Hieraus folgen die erstmalig von Betz angegebenen Um-rechnungsformeln

$$c_{w_2} = c_{w_1} - \Delta\,c_w = c_{w_1} - \frac{c_a{}^2}{\pi} \cdot \left(\frac{F_1}{b_1{}^2} - \frac{F_2}{b_2{}^2}\right)$$

$$\alpha_2{}^0 = \alpha_1{}^0 - \Delta\,\alpha^0 = \alpha_1{}^0 - \frac{c_a}{\pi} \cdot \left(\frac{F_1}{b_1{}^2} - \frac{F_2}{b_2{}^2}\right) \cdot 57{,}3^0,$$

mit deren Hilfe man die gegebene Polare eines Flügels von bestimmtem Seitenverhältnis punktweise umrechnen[1]) kann auf die einer Tragfläche mit anderer Flügelstreckung. Da nach obenstehender Ableitung in diesen Formeln der induzierte Widerstand und sein Beiwert als Kleinstwerte enthalten sind, gelten sie also streng genommen nur für elliptische Auftriebsverteilung. Diese ist für jeden beliebigen Anstellwinkel dann vorhanden, wenn die Rippen eines Tragflügels von elliptischem Grundriß das gleiche bzw. geometrisch ähnliche Profil besitzen und die Sehnen jeder Spannweitenhälfte in einer Ebene liegen.

Jeder ebene Flügel von beliebigem anderen Umriß hat unter sonst gleichen Voraussetzungen eine Auftriebsverteilung, die zwischen seiner

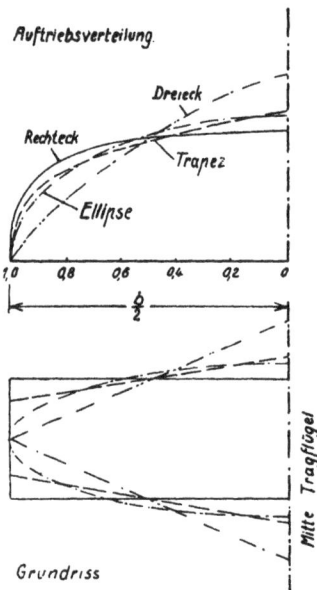

Abb. 27. Auftriebsverteilung bei ebenen Flügeln verschiedener Umrißformen.

---

[1]) Nach diesen Formeln umgerechnete Tragflügelpolaren stehen in gutem Einklang mit den im Windkanal gemessenen, sofern der Flügelumriß nicht nahezu quadratisch ist.

Tragflächenform und der Ellipse liegt. Damit muß sein induzierter Widerstand und dessen Beiwert größer werden, so daß

$$c_{w_i} = \varphi \cdot c_{w_i\,\text{ellipt}},$$

wobei $\varphi > 1$ einen Faktor bezeichnet, der für trapezförmige Tragflügel in Abhängigkeit von $t_a : t_i$ und dem Seitenverhältnis in Abb. 28[1]) dargestellt ist.

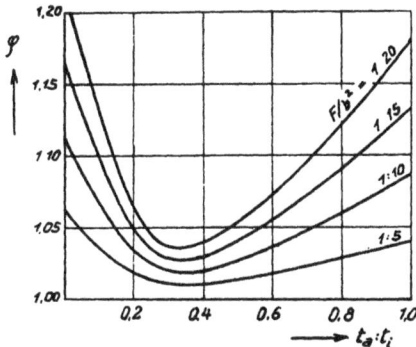

Abb. 28. Verhältniszahl der induzierten Widerstände bei verschiedenen Trapezflügeln.

Aus ihr geht zunächst einmal hervor, daß Flügel von Dreiecks- $(t_a : t_i = 0)$ und Rechtecksgrundriß $(t_a : t_i = 1)$ am ungünstigsten sind. Von allgemeiner Bedeutung ist ferner die mit wachsender Seitenverhältniszahl zunehmende Empfindlichkeit gegenüber der Umrißgestaltung. Ein Trapezflügel mit $t_a : t_i = 0{,}3 \div 0{,}4$ hat dagegen, selbst bei großer Flügelstreckung, noch nicht 4% mehr induzierten Widerstand als ein solcher mit elliptischem Umriß.

Will man bei der Umrechnung vom Modell auf die Hauptausführung die kleinen durch den Flügelumriß bedingten Unterschiede berücksichtigen, so ergibt sich infolge des einfachen Zusammenhanges die nur wenig geänderte Umrechnungsformel

$$c_{w_2} = c_{w_1} - \frac{c_a{}^2}{\pi} \cdot \left(\varphi_1 \cdot \frac{F_1}{b_1{}^2} - \varphi_2 \cdot \frac{F_2}{b_2{}^2}\right),$$

[1]) Die Abb. 28 und 29 sind einer Arbeit von J. Hueber, Göttingen, entnommen.

wobei φ_1 in der Regel für $t_a : t_t = 1,0$ aufzusuchen ist, da die Profilpolaren in den Versuchsanstalten meist an rechteckigen Modellflügeln bestimmt werden.

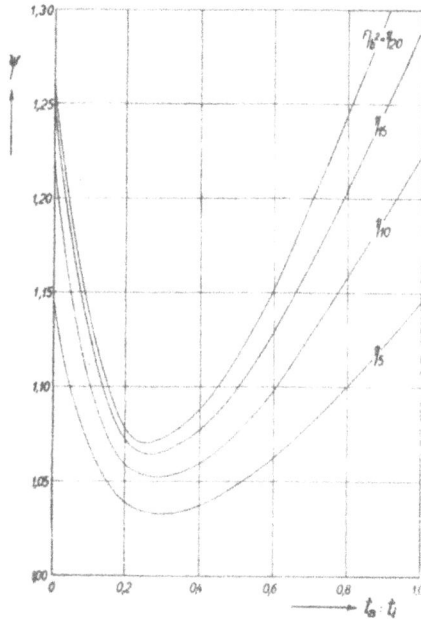

Abb. 29   Verhältniszahlen des induzierten Anstellwinkels bei Trapezflügeln.

In gleicher Weise ist auch der Anstellwinkel wieder um-zurechnen:

$$\alpha_2{}^0 = \alpha_1{}^0 - \frac{c_a}{\pi} \cdot \left(\psi_1 \cdot \frac{F_1}{b_1{}^2} - \psi_2 \cdot \frac{F_2}{b_2{}^2} \right) \cdot 57,3^0.$$

Die Verhältniszahlen ψ für den induzierten Anstellwinkel sind der Abb. 29 zu entnehmen, wo sie gleichfalls als Funktionen von t_a/t_t mit dem Parameter F/b^2 dargestellt sind.

Es muß hier festgestellt werden, daß diese genaue Um-rechnung nur dann einen Sinn hat, wenn der besonders bei spitzendigen Flügeln erhebliche sog. Maßstabeinfluß der

im Abschnitt 4b behandelten Reynolds'schen Zahl gleichfalls
in der Rechnung berücksichtigt wird. Solche Feinheiten in der
Berechnung gehen jedoch über den Rahmen des vorliegenden
Bandes hinaus, in welchem die Wege zur Erreichung hochwertiger Tragflügel noch nicht rechnerisch verfolgt, sondern
nur angedeutet werden sollen.

An Tragflügeln von beliebiger Umrißform läßt sich eine
elliptische Auftriebsverteilung auch erzielen, aber immer nur

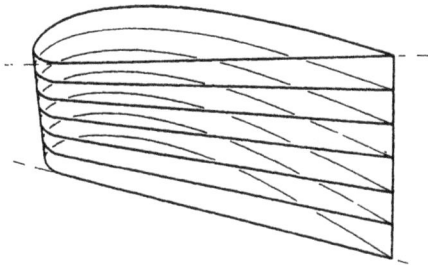

a) geometrische Schränkung,

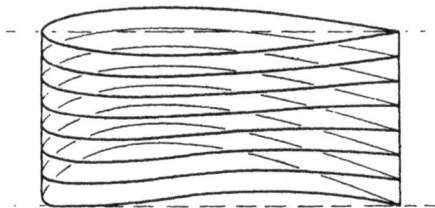

b) aerodynamische Schränkung

Abb 30.   Querschnittsverlauf beim verwundenen Tragflügel

für einen bestimmten mittleren Anstellwinkel. Zu diesem Zweck
wird die Fläche entweder geometrisch oder aerodynamisch
geschränkt, d. h. gleichseitig verwunden. Im ersten Falle
bleibt die Profilform über die Spannweite erhalten, während
der Einstellwinkel von der Flugzeugmitte nach den Tragflügelenden zu mit bestimmter Gesetzmäßigkeit verändert wird.
Die zweite Möglichkeit läßt den Flügel eben, erreicht aber,
wie beispielsweise in Abb. 30b, durch die Verwendung stark
gewölbter Profile in Flügelmitte, die nach außen zu immer

flacher und schließlich symmetrisch werden, daß der wirksame Anstellwinkel in gleicher Weise abnimmt. Selbstverständlich lassen sich auch beide Methoden zur Erlangung elliptischer Zirkulationsverteilung vereinigen.

Ist die Spannweite nicht vorgeschrieben, sondern nur durch statische Gesichtspunkte[1]) begrenzt, so wird bei gegebenem Gesamtauftrieb der spitzendige Flügel vorteilhafter.

Vielfach ist überhaupt nicht nur der geringste induzierte Widerstand wegen der zu erreichenden Flugleistungen für den Entwurf der Auftriebsverteilung maßgebend, sondern neben statisch günstiger Formgebung werden auch vorteilhafte Flugeigenschaften angestrebt. Eine gute Abstimmung dieser Anforderungen führt zu äußerst leistungsfähigen Tragflügeln[2]), die aber vom konstruktiven und fabrikatorischen Standpunkt gesehen kompliziert und damit recht teuer werden. Nach der gleichfalls sehr umständlichen rechnerischen Auswertung scheint eine starke Schränkung des Flügels nur bei langsamen, mit größeren Auftriebsbeiwerten fliegenden Maschinen angebracht.

Zur Verbesserung der Sichtverhältnisse, der Einsteigmöglichkeiten, Erleichterung der Montage oder dgl. wird der Konstrukteur häufig den Flächenumriß unregelmäßig gestalten und damit den Strömungsverlauf im ungünstigen Sinne beeinflussen. Erhält der Flügel beispielsweise eine Aussparung in Flugrichtung[3]), die sich über seine ganze Tiefe erstreckt, so gleicht sich an dieser Stelle (sofern der Spalt nicht sehr schmal ist) der Druckunterschied zwischen Profilober- und -unterseite aus, die Auftriebsverteilung erhält eine Unstetigkeit und der induzierte Widerstand nimmt stark zu.

Ganz ähnlich wirkt ein Ausschnitt in der Flügelnase, wie man ihn zuweilen zwecks Unterbringung des Piloten ausgeführt hat. Besonders bei gar nicht oder schlecht abgerundeten Schnittkanten bringt selbst eine kleine derartige Aus-

---

[1]) Prandtl nimmt beispielsweise (ZFM Bd. 24 (1933) S. 305) das Trägheitsmoment der Auftriebsverteilung als gegeben an.

[2]) Sie werden in Deutschland von A. Lippisch seit längerer Zeit entwickelt.

[3]) Man findet heute eine solche Aussparung nur noch bei Gleitflugzeugen am Anschluß der Flügel in Rumpfmitte.

sparung die Strömung bereits bei niederen Anstellwinkeln zum Abreißen, unterbricht also die Zirkulation und erhöht das W_i.

Infolge der nach hinten zu abnehmenden Druckdifferenz haben Ausschnitte in der Flügelhinterkante nur einen kleinen schädlichen Einfluß auf die Strömungsverhältnisse[1]). Er äußert sich in einem je nach der Größe des Ausschnittes und Rundung der Schnittkanten verschieden starken Anwachsen des Profilwiderstandes. Nach neueren Messungen von H. Muttray kann grundsätzlich die ungünstige Wirkung jedes Flügelausschnittes, sogar eines an Vorder- und Hinterkante stark eingeschnürten Flügelteiles, vollständig vermieden werden; man muß nur durch geeignete Profilwölbung und größeren Anstellwinkel der sog. Flügelbrücke dafür sorgen, daß die Auftriebsverteilung die gleiche bleibt wie beim unverändert durchgehenden Ausgangsflügel.

c) Doppeldecker.

Werden zwei Tragflügel von endlicher Spannweite in einem gewissen Abstand übereinander angeordnet, so sind Gesamtauftrieb und Gesamtwiderstand dieses Doppeldeckersystems nicht gleich der Summe der entsprechenden Werte der Einzelflügel; sondern jeder Flügel bringt am anderen einen abwärts gerichteten Luftstrom hervor, so daß oben und unten ein zusätzlicher induzierter Widerstand entsteht und gleichzeitig der Auftrieb wegen des verkleinerten wirksamen Anstellwinkels abnimmt. Nach einem von Munk entdeckten Satz ist diese gegenseitige Induktion an beiden Flügeln gleich groß, solange sie gleiche Anstellwinkel haben und ihre Vorderkanten oder auch Druckmittellinien, senkrecht zur Anströmung gesehen, übereinander liegen, d. h. wenn der Doppeldecker nicht geschränkt und nicht gestaffelt ist.

Wird einer der beiden Flügel so nach vorn oder hinten verschoben, daß die Ansicht des Doppeldeckersystems in der Bewegungsrichtung unverändert bleibt, dann ändert sich nach einem zweiten Satz von Munk am gesamten induzierten Widerstand nichts, sofern die Auftriebsverteilung über jeden Einzel-

---

[1]) Es ist auch unwesentlich, ob die Tragflügelhinterkante in eine dünne Schneide ausläuft oder stumpf und etwas gerundet ist.

flügel dieselbe bleibt. Dieser Satz erscheint ganz selbstverständlich, wenn man sich daran erinnert, daß der den induzierten Widerstand bestimmende Abwind eine Folgeerscheinung der abgelösten Wirbel ist und deren Stärke nur von den geometrischen Verhältnissen sowie der Auftriebsverteilung des einzelnen Flügels abhängt.

Erweist sich zum Beispiel eine positive Staffelung der Flächen als zweckmäßig — vielleicht um bessere Sichtverhält-

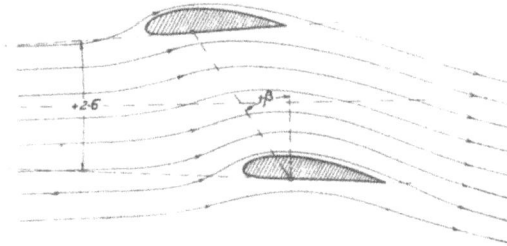

a) Positive Staffelung und Strömungsverlauf,

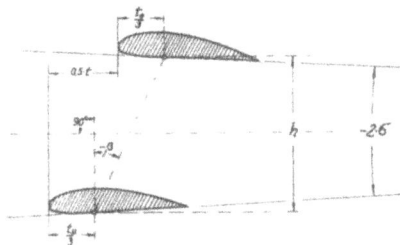

b) Negative Staffelung und Definition des Flugelabstandes h

Abb 31 Doppeldeckeranordnung

nisse für die Flugzeuginsassen oder eine gunstigere Lage des Schwerpunktes zu erhalten —. so wird der induzierte Widerstand des weiter vorn liegenden Oberflügels durch den vom Unterflügel aufsteigenden Luftstrom verkleinert, der Widerstand des Unterflügels durch den Oberflügelabwind vergrößert[1]). Die gegenseitige Beeinflussung bleibt jedoch für das

---

[1]) Diese Wirkung erklärt sich aus dem gesamten räumlichen Strömungsverlauf, also der Zirkulation und dem Umströmen der Enden beider Tragflügel; vgl. auch Abb. 32. Nach Göttinger Messungen an ungestaffelten Doppeldeckern tritt bei kleinen (auch nega-

Gesamttragwerk unverändert und gleich der des ungestaffelten Doppeldeckers, wenn man, zwecks Erhaltung der ursprünglichen Auftriebsanteile, den Anstellwinkel des Oberflügels verringert und den des Unterflügels vergrößert. Dieser Zusammenhang läßt sich für jede Art der Staffelung verallgemeinern: Der weiter zurückliegende Flügel muß stets den größeren Anstellwinkel erhalten. Der Schränkungswinkel $\pm 2\sigma$, den die Profilsehnen dann miteinander bilden, ist wegen seiner großen Wirkung auf den Strömungsverlauf am Doppeldecker immer sehr klein, selten $> 3^0$. Dagegen hat der Staffelungswinkel $\pm \beta$ nur ganz geringen Einfluß auf das Polardiagramm, er ist nach Abb. 31 definiert als Neigung der Verbindungslinie der Sehnendrittel gegen das Lot auf die Halbierungslinie des Schränkungswinkels. Das Ausland bevorzugt eine Angabe der Staffelung in Prozent der Flügeltiefe.

Solange es sich nur um eine Berechnung der Gesamtpolare des Doppeldeckers handelt, wird man durch Anwendung der Munk'schen Sätze eine bedeutende Vereinfachung erzielen können: denn jedes beliebige Zweideckertragwerk kann unter Beachtung der oben gemachten Voraussetzungen auf ein ungestaffeltes und ungeschränktes zurückgeführt werden, wodurch β und 2σ aus der Reihe der veränderlichen Einflußgrößen verschwinden. Der Beiwert des induzierten Widerstandes ist dann — außer von der Flügelstreckung — nur noch

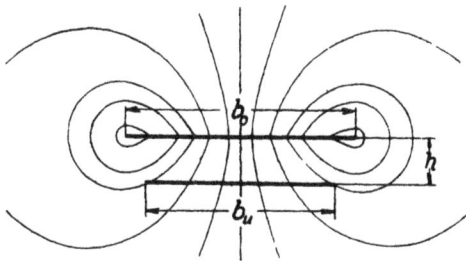

Abb 32   Umströmung der Flügelenden und geometrische Anordnung einer Doppeldeckerzelle.

tiven) Anstellwinkeln eine Umkehr der Auftriebsverteilung ein, also Überlastung des Unterflügels. Sie rührt von einer Düsenwirkung (vgl. Abb. 48) zwischen Ober- und Unterflügel her und wächst mit der Wölbung der Profilsaugseite.

von den geometrischen Verhältnissen der Tragdeckanordnung abhängig. Prandtl hat in seiner Mehrdeckertheorie, auf deren Ableitung[1]) hier nicht näher eingegangen werden soll, für jeden Einzelflügel elliptische Auftriebsverteilung und auch auf die beiden Flächen eine solche günstigste Verteilung der Belastung vorausgesetzt, daß der induzierte Widerstand des Doppeldeckers seinen kleinstmöglichen Wert W_{i_D} erhält. Vergleicht man diesen mit dem induzierten Mindestwiderstand W_{i_E} eines Eindeckers von gleichem Profil und Anstellwinkel, sowie gleicher Spannweite[2]) und Flächengröße, also auch gleichem Gesamtauftrieb wie der Doppeldecker, so ist in dem sog. Gütegrad

$$ \varkappa = \frac{W_{i_D}}{W_{i_E}} $$

die oben genannte Abhängigkeit des $c_{w_{i_D}}$ von den Spannweiten der Flügel und ihrem Abstand h enthalten. Die Darstellung

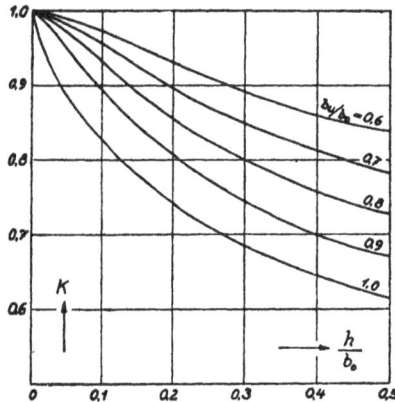

Abb. 33. Der »Gütegrad« eines Doppeldeckers in Abhängigkeit vom Spann-
weiten- und Höhenverhältnis.

---

[1]) Sie ist enthalten in der II. Lieferung der »Ergebnisse der Aerodynamischen Versuchsanstalt zu Göttingen«.

[2]) Als Spannweite b_D eines Doppeldeckers gilt immer die des breiteren Flügels; sie ist im folgenden unter Voraussetzung der meist anzutreffenden Bauweise $b_o > b_u$ auch mit b_o bezeichnet worden. Sollte diese Annahme in einem zu berechnenden Falle nicht zutreffen, so ist in den betreffenden Formeln b_o gegen b_u auszutauschen.

von $\varkappa$ in Abhängigkeit von $\dfrac{h}{b_o}$ und $\dfrac{b_u}{b_o}$ (immer < 1!) gibt einen klaren Einblick in die gegenseitige Induktion der Doppeldeckerflügel.

Infolge des schlechteren Seitenverhältnisses ist selbstverständlich der Eindecker jedem Doppeldecker von seiner Spannweite und Gesamtbelastung unterlegen. Am günstigsten ist unter dieser Voraussetzung der Doppeldecker mit gleicher Spannweite beider Flügel. Andererseits ist aber beispielsweise ein Tragwerk mit zwei Flügeln von je 9 m Spannweite etwas ungünstiger als dasselbe mit 10 und 8 m breiten Flächen. Die Verminderung des induzierten Widerstandes mit größerem Abstand h (bei gleichbleibendem b_o!) ist als eine natürliche Folge der abnehmenden gegenseitigen Beeinflussung anzusehen. Sie läßt sich wegen des raschen Ansteigens der schädlichen Widerstände aller Verbindungsteile zwischen Flügeln und Rumpf[1], sowie aus statischen Erwägungen, praktisch nur wenig ausnutzen; am häufigsten ist $h \approx t_{max}$ anzutreffen.

Hat man den Gütegrad $\varkappa$ aus den entsprechenden Maßen der Tragflügelanordnung ermittelt, so kann nach der Bestimmungsgleichung von

$$\varkappa = \frac{W_{i_D}}{W_{i_E}} = \frac{c_{w_{i_D}}}{c_{w_{i_E}}}$$

das Seitenverhältnis des »äquivalenten« Eindeckers berechnet werden, der denselben induzierten Widerstand besitzt wie der entworfene Doppeldecker:

$$c_{w_{i_D}} = \varkappa \cdot c_{w_{i_E}}$$

$$\frac{c_a^2}{\pi} \cdot \frac{F_D}{b_D^2} = \frac{c_a^2}{\pi} \cdot \frac{F_E \cdot \varkappa}{b_E^2}.$$

Liegt also die Profilmessung eines Eindeckerflügels mit dem Seitenverhältnis $\dfrac{F_{E_1}}{b_{E_1}^2} = \dfrac{F_1}{b_1^2}$ vor und ist die Polare eines Doppeldeckers von gleichem Profil und dem Seitenverhältnis

---

[1] Als Zweidecker mit extrem großem Abstand h ist die Verbindung eines Motorflugzeug-Eindeckers mit von ihm am Seil geschleppten und gestaffelt über ihm fliegenden Segelflugzeug anzusehen.

4*

$$\frac{F_D}{b_D{}^2} = \frac{F_{b_2}}{b_{E_2}{}^2} \cdot \varkappa = \frac{F_2}{b_2{}^2} \cdot \varkappa$$

zu berechnen, so kann man die für Eindecker abgeleitete Umrechnungsformel der Widerstandszahl verwenden:

$$c_{w_D} = c_{w_1} - \frac{c_a{}^2}{\pi} \cdot \left(\frac{F_1}{b_1{}^2} - \frac{F_2}{b_2{}^2} \cdot \varkappa \right).$$

Da jede Doppeldeckeranordnung infolge des zusätzlichen Abwindes einen kleineren Auftrieb hat als ein entsprechender Eindecker von gleichem Seitenverhältnis, muß zur Erreichung desselben c_a der Anstellwinkel vergrößert werden. Die beim Eindecker verwendete α-Umrechnungsformel wurde unter der Annahme des in einer Linie zusammengedrängten Auftriebes abgeleitet. In Wirklichkeit erfolgt aber die Ablenkung der Strömung nicht plötzlich längs dieser Druckmittellinie, sondern allmählich (wie sich auch aus der Druckverteilung über die Flügeltiefe ergibt), wodurch die Abwärtsgeschwindigkeit von der Profilvorderkante nach hinten in gleicher Weise zunimmt. Diese Krümmung der Stromlinien ist bei Eindeckern üblicher Flügelstreckung ohne Belang, bewirkt aber bei Doppeldeckern eine recht erhebliche Abweichung von den Versuchsergebnissen, so daß bei Verwendung der Formel

$$\alpha_D{}^0 = \alpha_1{}^0 - \frac{c_a}{\pi} \cdot \left(\frac{F_1}{b_1{}^2} - \frac{F_2}{b_2{}^2} \cdot \varkappa' \right) \cdot 57{,}3^0$$

mit einem $\varkappa' > \varkappa$ gerechnet werden müßte.

Nach der von Bose durchgeführten Untersuchung ist es jedoch zweckmäßiger, den Krümmungseinfluß durch einen Summanden zur ursprünglichen Umrechnungsformel zu berücksichtigen[1]):

$$\alpha_D{}^0 = \alpha_1{}^0 - \frac{c_a}{\pi} \cdot \left(\frac{F_1}{b_1{}^2} - \frac{F_2}{b_2{}^2} \cdot \varkappa \right) \cdot 57{,}3^0$$
$$+ 0{,}0875 \cdot \frac{t^2}{h^2} \cdot \left(\frac{3}{4} \cdot c_a - c_m \right) \cdot 57{,}3^0.$$

Die nach der verbesserten Prandtl-Boseschen Methode berechneten Widerstandsbeiwerte und Anstellwinkel des Doppel-

---

[1]) Die Ableitung wurde nur für gleichtiefe Flügel mit konstantem Abstand durchgeführt; im allgemeinsten Fall dürfte die Verwendung mittlerer Werte von t und h angebracht sein.

deckers in Abhängigkeit von c_a stimmen mit den Versuchsergebnissen hinreichend genau überein; vorausgesetzt, daß
die der Theorie zugrundegelegte günstigste Verteilung des
Auftriebs auch wirklich vorhanden ist. Die für jeden Einzelflügel geforderte elliptische Zirkulationsverteilung ist mit den
im vorigen Abschnitt dargelegten Mitteln, wenigstens nähe-
rungsweise, leicht zu erzielen. Die zur Erlangung geringsten
induzierten Widerstandes außerdem innezuhaltende Lastauf-
nahme des Ober- und Unterflügels, dargestellt durch die un-
benannte Größe

$$\chi = \frac{A_u}{A_o + A_u} = \frac{A_u}{A}$$

ist, ebenso wie der Gütegrad $\varkappa$, vom Höhen- und Spann-
weitenverhältnis abhängig und kann der Abb. 34 entnommen

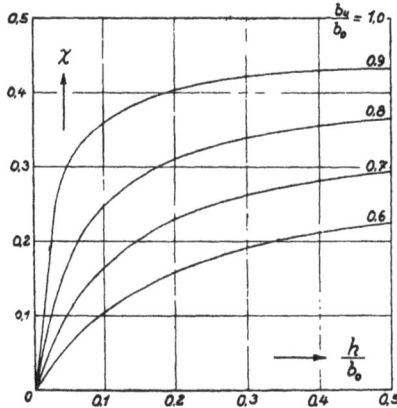

Abb. 34 Günstigste Auftriebsverteilung bei Doppeldeckern in Abhängigkeit
vom Spannweiten- und Höhenverhältnis.

werden. Für gleiche Spannweite beider Flügel ist demnach
der Gesamtauftrieb zu gleichen Teilen von unterer und oberer
Tragfläche aufzubringen. Sind die Spannweiten verschieden,
ist beispielsweise $b_u < b_o$, so wird unter der Annahme gleicher
Flächenbelastung für beide Tragflügel der untere außerdem
geringere Tiefe erhalten müssen. Neben oder an Stelle der
Flächenverteilung kann zur Erzielung der geforderten Zahl χ
die Schränkung der Flügel gegeneinander angewendet werden.

Die Lastaufteilung wird dann allerdings zu einer Funktion von α und entspricht nur in einem bestimmten kleinen Anstellwinkelbereich dem günstigsten Verhältnis. Das nach amerikanischen Versuchen an Doppeldeckerflügeln gleicher Spannweite und Tiefe aufgestellte Diagramm der Abb. 35 kann als Anhalt für eine angenähert richtige Lastverteilung auf Ober- und Unterflügel bei gegebenem Anstellwinkelbereich dienen.

Zur genauen Bestimmung bei den verschiedensten Flugzuständen, wie sie für statische Ermittlungen unerläßlich ist,

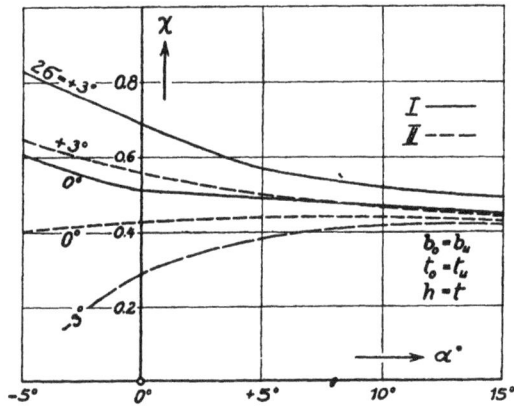

Abb. 35. Gemessene Auftriebsverteilung an einem Doppeldecker mit gleichgroßen Tragflügeln. I. ungestaffelt und II. bei 50% positiver Staffelung.

müssen die Einzelpolaren beider Flügel berechnet werden. Von den hierfür bekannten Berechnungsverfahren ist das von Betz in Deutschland seit etwa 20 Jahren im Gebrauch. Beim Vergleich der errechneten Flügelpolaren mit Messungsergebnissen zeigten sich jedoch so starke Abweichungen[1]), daß die Deutsche Versuchsanstalt für Luftfahrt die Entwicklung einer anderen Berechnungsmethode auf Grund deutscher und amerikanischer Versuchswerte durchführte. Leider ist durch die

---

[1]) Wegen des sonst zu komplizierten Ansatzes bei der Berücksichtigung von Staffelung und Schränkung legte Betz seinen Ableitungen eine gleichmäßige, also rechtecksförmige Auftriebsverteilung zugrunde.

geringe Zahl auswertbarer Messungsergebnisse auch der An-
wendungsbereich dieses rein empirisch aufgebauten Rech-
nungsverfahrens sehr beschränkt. Diesen Nachteil vermeidet
das für jede beliebige Tragflügelanordnung verwendbare Verfahren des Amerikaners Millikan, welches die beste Übereinstimmung mit den Erfahrungswerten zeigt, aber so umständ-
lich ist, daß es ohne vereinfachende Überarbeitung sich nicht
in der Praxis einführen wird.

Abschnitt 4. Messungsergebnisse und ihre Anwendung.

a) Versuchsmethoden.

Die vorstehenden Abschnitte lassen bereits erkennen, daß
die Luftkraftbeiwerte den Ausgang für die Berechnung eines
Flugzeuges bilden. Leider sind diese zahlenmäßigen Unter-
lagen nicht rein rechnerisch bestimmbar, sondern fast ausnahms-
los nur auf empirische Weise zu gewinnen, entweder durch Versuche an der fliegenden Maschine oder Messungen an Modellen
kleinen Maßstabes. Beide Wege sind bis jetzt beschritten worden und beide sind auch notwendig um dem Ingenieur die für
ihn wichtigen Erfahrungswerte zu liefern.

Die Durchführung allgemeingültiger Messungen im
Fluge ist schwieriger, als es auf den ersten Blick scheint; sie
erfordert leicht ansprechende, aber gegen Erschütterungen
unempfindliche Instrumente von geringem Gewicht, die wegen
der nicht vermeidbaren Ungleichmäßigkeit im Fluge stark
schwanken und daher meist selbst registrieren müssen. Infolge
der komplizierten und die Messungen leicht fälschenden Strömungsverhältnisse in der nächsten Umgebung des Flugzeuges
muß die Anbringung der Instrumente außerhalb der gestörten
Luftbewegung erfolgen, gegebenenfalls überhaupt in größerer
Entfernung in einem sog. Luftlog, das am Kabel unter dem
Flugzeug geschleppt wird.

Besser lassen sich Messungen vom Erdboden aus
durchführen, wobei das Flugzeug durch zwei auf den End-
punkten einer Basis stehende Theodoliten beobachtet oder
seine Flugbahn durch besonders für diesen Zweck gebaute
Kino-Aufnahmeapparate gefilmt wird. In beiden Fällen muß
der Einfluß des Windes durch gleichzeitiges Beobachten von

Wolken oder Pilotballons festgestellt werden, sofern nicht
durch das Abfliegen eines sog. Stoppdreiecks die Möglichkeit
einer rechnerischen bzw. graphischen Windkorrektur gegeben ist.

Der zweite Weg zur Schaffung von zahlenmäßigen Rech-
nungsunterlagen, die Modellversuche, beruhen gleichfalls
auf zwei verschiedenen Methoden, je nachdem das Modell in
mehr oder weniger ruhender Luft geschleppt oder im Windkanal feststehend von einem Luftstrom angeblasen wird. Die
Messungen an Modellen, die an Schienen- oder frei beweglichen
Kraftfahrzeugen befestigt sind, leiden alle durch die unver-
meidlichen schweren Erschütterungen, die sich besonders dadurch so stark auswirken, daß eine lange Aufhängevorrichtung
wegen des Einflusses von Fahrzeug oder Erdboden notwendig
wird. Hier könnten die von Madelung vorgeschlagenen Messungen[1]) an geschleppten, bemannten Modellen großer Flugzeuge oder an kleinen von Segelflugzeugen getragenen Ver-
suchsmodellen eine offenbare Lücke ausfüllen. Die vom Schiff-
bau her bekannten und bewährten Wasserkanal-Schleppanlagen
sind bereits mit großem Erfolg zur Herstellung von Strömungs-
bildern verwendet worden, trotz der geringeren Erschütterungen aber nicht zur Messung von Kräften an Modellen der
Flugtechnik. Der in den Anfängen der Fluglehre wegen seines
einfachen Aufbaues zur Klärung mancher grundlegenden Frage
benutzte Rundlauf kann heut als überholt gelten, da durch
die Art der Aufhängung und die kreisförmige Modellbahn Un-
gleichmäßigkeiten in der Luft auftreten, die exakte Messungen
unmöglich machen.

Die am weitesten verbreitete Methode zur Gewinnung von
Erfahrungswerten ist die Untersuchung stillstehender Modelle
in Luftstromanlagen; sie hat im Laufe der Zeit zu zwei
Einheitsformen von Windkanälen geführt, die beide einen in
sich geschlossenen Luftweg besitzen und durch Propellergebläse
angetrieben werden.

Die in Deutschland bevorzugte Bauweise läßt den Wind
in einem geschlossenen Kanal umlaufen, der aus baulichen

---

[1]) Madelung, G., Strömungstechnische und flugmechanische
Versuche mit Hilfe motorloser Flugzeuge. Luftwissen Bd. 1 (1934
S. 285—287.

Gründen meist rechteckigen oder achteckigen Querschnitt besitzt und in einer senkrechten oder waagerechten Ebene angeordnet ist. Die Umlenkung des Luftstroms (vgl. Abb. 36) erfolgt durch profilierte Leitschaufeln (u). In einer Düse (d) wird der Kanalquerschnitt auf den n-ten Teil verringert — die Luft erreicht damit die n fache Geschwindigkeit —, strömt in einem freien Strahl (m), der für das Anbringen und Beob-

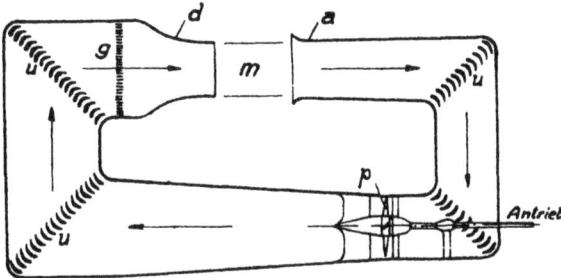

Abb. 36 Schematische Schnittzeichnung eines Prandtlschen Windkanals mit offenem Versuchsplatz.

achten der Modelle besonders vorteilhaft ist, durch die Versuchseinrichtung und wird vom Auffangtrichter (a) wieder aufgenommen und dem Propellergebläse (p) zugeführt.

Die zweite Grundform enthält nur die Düse (d), die offene oder geschlossene Meßstrecke (m) und das Gebläse (p) in einer kanalartigen Anordnung; die Rückführung[1] der Luft erfolgt auf allen Seiten durch einen die Versuchseinrichtung umschließenden Raum (r), der bei großen Anlagen durch eine Halle, bei kleinen und Überdruckkanälen[2]) durch einen Stahl-

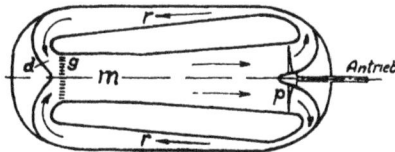

Abb. 37 Schematischer Querschnitt durch eine im Ausland bevorzugte Form der Luftstromanlagen mit geschlossener Meßstrecke.

---

[1]) Die ursprünglich von Eiffel gebaute Ausführung besitzt keinen umlaufenden Luftstrom; vgl. auch die neueste französische Anlage nach Zahlentafel II.

[2]) Vgl. Abschnitt 4 b in diesem Hauptteil.

kessel mit senkrecht oder waagerecht angeordneter Achse ge-
bildet wird.

Stets befindet sich vor der Düse eine aus wabenartig an-
geordneten Blechen bestehender Gleichrichter (g), der größere
Wirbel auflöst und die Luft in die Achse des Meßstrahls bringt.
Die Qualität einer Luftstromanlage ist natürlich in hohem
Maße abhängig vom Grad der räumlichen Gleichmäßigkeit in
Geschwindigkeit und Richtung des Strahlquerschnittes, sowie
der zeitlichen Gleichmäßigkeit, die man durch empfindliche
Regler erzielt.

Zu untersuchende Modelle werden meist an sehr dünnen
Drähten aufgehängt, deren Vorhandensein die Strömung am
wenigsten stört und deren geringer zusätzlicher Widerstand
natürlich berücksichtigt werden muß.

Eine Profilmessung geht dann im wesentlichen so von-
statten, daß der Modelltragflügel mit dem zu untersuchenden,
über die Spannweite gleichen Querschnitt — bei positivem
Anstellwinkel zweckmäßig mit der Saugseite nach unten —
in den Luftstrom gehängt wird. Mittels empfindlicher Waagen,
für die selbstverständlich alle technischen Fortschritte (Schnell-
waagen!) nutzbar gemacht sind, werden nach Abb. 38 die
Kräfte A_1, A_2 und W gemessen; gleichzeitig wird der Staudruck q und der Anstellwinkel α der Profilsehne gegen die
horizontale Windrichtung bestimmt. Da die Größe $F = b \cdot t$
des Tragflügels[1]) festliegt, ist in jeder der drei Grundgleichungen

$$A_1 + A_2 = A = c_a \cdot q \cdot F \qquad \text{[kg]}$$
$$W = c_w \cdot q \cdot F \qquad \text{[kg]}$$
$$A_2 \cdot l = M = c_m \cdot q \cdot F \cdot t \qquad \text{[mkg]}$$

nur noch der Beiwert als Unbekannte vorhanden und kann
also berechnet werden. Dann wird dem Modellflügel ein anderer Anstellwinkel gegeben, aus den zugehörigen Luftkraftkomponenten die neuen Beiwerte c_a, c_w und c_m errechnet und
mit den anderen in Zahlentafeln und Polardiagrammen nieder-
gelegt.

---

[1]) Handelt es sich um einen Körper, der keinen Auftrieb erzeugen kann, so wird nach I, Abschnitt 2a die Ansichtsfläche f zur
Berechnung der Widerstandszahl eingesetzt

Zur Messung der Querruderwirkung an Tragflügeln, der Seitenruderkräfte an ganzen Flugzeugmodellen u. ä. sind Dreikomponentenmessungen nicht mehr ausreichend, da sie nur über ebene Strömungsverhältnisse Aufschluß geben können. Zur Ermittlung des räumlichen Verhaltens eines Modelles

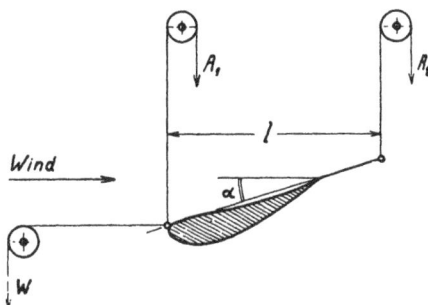

Abb. 38. Dreikomponentenmessung in schematischer Darstellung.

müssen dann Sechskomponentenwaagen verwendet werden, mit welchen man außer A_1, A_2 und W z. B. die Seitenkraft sowie die Momente um Flugzeughoch- und Längsachse bestimmen kann.

b) Ähnlichkeitsgesetz.

Wie überall, wo ein Modellverfahren zur Anwendung kommt, ist auch hier die Berechtigung zum Übertragen der im Windkanal gewonnenen Zahlenwerte auf die Berechnung des großen Flugzeuges nachzuprüfen. Als selbstverständliche Voraussetzung ist die geometrische Ähnlichkeit zwischen Modell und Hauptausführung anzusehen; sie muß sich auch auf die Oberflächenrauhigkeiten erstrecken. Da die Oberfläche im Verhältnis zu den Hauptausmaßen beim großen Tragflügel leichter glatt zu halten ist als beim Windkanalmodell, erklärt sich das bei Flugzeugen häufig beobachtete Übertreffen der gerechneten Flugleistungen durch die wirklich erflogenen.

Die zweite Bedingung des Modellgesetzes, die dynamische Ähnlichkeit, ist weit schwieriger zu erfüllen, denn sie fordert mechanisch ähnliche Luftströmungen am Modell und an der Hauptausführung; man könnte diese Forderung auch so ausdrücken, daß der Stromlinienverlauf in beiden Fällen geometrisch und zeitlich ähnlich sein muß. Hierbei kann nun von der inneren Reibung der Luft nicht mehr abgesehen werden, d. h. es müssen neben den Trägheitskräften, die sich bei idealer Flüssigkeit nach der Bernoullischen Druckgleichung ergeben, auch die Zähigkeitskräfte Berücksichtigung finden. Das geschieht am einfachsten in der Weise, daß man die bekannten Grundgleichungen der Luftkräfte unverändert läßt und nur die Abhängigkeit der dimensionslosen Beiwerte c von einer natürlich ebenfalls unbenannten Größe berücksichtigt, welche ein Maß für die dynamische Ähnlichkeit der Strömungen am Modell und am Flugzeug darstellt und durch die nachfolgenden Überlegungen gefunden wird.

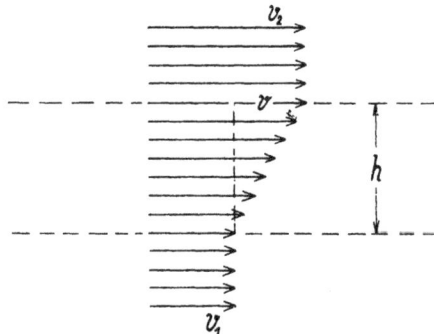

Abb. 39 Zähigkeitswirkung zwischen zwei Flüssigkeitsschichten verschiedener Geschwindigkeit.

Zwischen zwei Flüssigkeitsschichten, die mit den Strömungsgeschwindigkeiten $v_2 > v_1$ aneinander vorbeigleiten, entsteht eine Schubspannung, die nach Newton proportional dem Geschwindigkeitsunterschied $v_2 - v_1 = v$ und umgekehrt proportional dem Abstand h ist[1]):

$$\tau = \mu \cdot \frac{v}{h} \qquad [\text{kg}].$$

[1]) Die lineare Geschwindigkeitszunahme gilt nur für eine wirbelfreie Strömung.

Der vom Stoff und der Temperatur abhängige Faktor u [kg · s/m²] wird Zähigkeitsbeiwert oder kurz' Zähigkeit[1]) genannt; man faßt ihn mit dem bereits bekannten Stoffwert, des Dichte ϱ, zusammen zur kinematischen Zähigkeit[2])

$$\nu = \frac{\mu}{\varrho} \qquad [\text{m}^2/\text{s}].$$

Berücksichtigt man noch die jeden Strömungsvorgang beeinflussende Geschwindigkeit v und die Größe des Körpers, ausgedrückt durch eine geeignete Länge l, so ergibt sich aus Dimensionsbetrachtungen nur dann eine Zahl, wenn man zusammensetzt:

$$\frac{\varrho \cdot v \cdot l}{\mu} \qquad \left[\frac{\text{kg} \cdot \text{s}^2}{\text{m}^4} \cdot \frac{\text{m}}{\text{s}} \cdot \text{m} \cdot \frac{\text{m}^2}{\text{kg} \cdot \text{s}} \right].$$

Die Luftkraftbeiwerte können also nur von dieser dimensionslosen Größe

$$R = \frac{v \cdot l}{\nu} = \frac{v \cdot l}{\mu/\varrho}$$

abhängen; sie wird nach ihrem Entdecker, dem Amerikaner O. Reynolds benannt, und das gesuchte Gesetz für die mechanische Ähnlichkeit der Strömungen lautet nunmehr: Die Übertragung von Windkanalmessungen auf große Flugzeuge darf nur dann stattfinden, wenn die Reynolds'sche Zahl am Modell und an der Hauptausführung gleich groß ist.

Ist bei Modellversuchen und großer Ausführung die kinematische Zähigkeit der Luft praktisch unverändert, so genügt die Übereinstimmung der Kennwerte $E = v \cdot l$ [m · s ¹ · mm], die unter normalen Bedingungen etwa gleich dem 70. Teil der Reynolds'schen Zahlen sind.

Die Innehaltung des Modellgesetzes stößt auf sehr große Schwierigkeiten; können beispielsweise in einem Kanal mit

---

[1]) Nach der O. Schumannschen Formel ist die Zähigkeit der Luft

$$\mu = 1{,}712 \cdot \sqrt{1 + 0{,}003665 \cdot t} \cdot (1 + 0{,}0008 \cdot t)^2 \cdot 10^{-6} \quad [\text{kg} \cdot \text{s/m}^2],$$

wobei t die Temperatur in ⁰ C bezeichnet, für 10⁰ C ergibt sich $\mu = 1{,}77 \cdot 10^{-6}$ und für 15⁰ C: $\mu = 1{,}80 \cdot 10^{-6}$ [kg · s/m²].

[2]) Für die Deutsche und die Internationale Normal-Atmosphäre ist entsprechend $t_0 = 10^\circ$ bzw. 15⁰ C die kinematische Zähigkeit am Boden mit $\nu = 0{,}139$ bzw. 0,144 cm²/s einzusetzen.

der Windgeschwindigkeit $v = 30$ m/s $\equiv 3000$ cm/s Flügel-
modelle von 20 cm Tiefe untersucht werden, so ergibt sich
unter normalen Verhältnissen (vgl. Anm. 1) mit $\nu = 0{,}139$ cm²/s
die Reynolds'sche Zahl

$$R = \frac{3000 \cdot 20}{0{,}139} = 431600 \approx 4{,}3 \cdot 10^5.$$

Erhält die große Ausführung 2,00 m Flügeltiefe und eine Geschwindigkeit von 250 km/h $\equiv 6950$ cm/s, so ist bei gleicher
kinematischer Zähigkeit

$$R = \frac{6950 \cdot 200}{0{,}139} = 100 \cdot 10^5.$$

Die Mittel zur Erhöhung der Reynolds'schen Zahl bei Modell-
messungen sind aus der Formel klar zu erkennen; es kommt
zunächst eine Vergrößerung von v und l in Frage.

Die Luftstromgeschwindigkeiten lassen sich nur durch
großen Aufwand an Gebläseleistung ($\sim v^3$!) stark erhöhen
und ergeben große Kräfte an den Modellen; da ferner bei
Annäherung an die Schallgeschwindigkeit die Zusammendrückbarkeit der Luft sich durch Ausbildung besonderer Strömungs-
formen bemerkbar macht, sind der Geschwindigkeitssteigerung
gewisse Grenzen gezogen.

Der zweite Weg, die Verwendung größerer Modelle, erfordert entsprechende Ausmaße der gesamten Windkanal-
anlage und bringt naturgemäß eine bedeutende Verteuerung
mit sich. Trotzdem wird diese Möglichkeit in neuester Zeit
wieder ausgenutzt durch den Bau mehrerer Luftstromanlagen,
die das Untersuchen von Flugzeugen in natürlicher Größe
gestatten.

Da aber auch von diesen Kanälen die notwendigen Rey-
nolds'schen Zahlen noch nicht erreicht werden, bleibt als letz-
ter Ausweg das Verkleinern der kinematischen Zähigkeit. Bei
Verwendung einer anderen Flüssigkeit, z. B. Wasser, läßt sich
ν wohl auf den 10. Teil verringern, aber keine ausreichende
Geschwindigkeit erzielen. Mit gutem Erfolg ist dagegen der
von Munk vorgeschlagene Weg beschritten worden, durch
Verdichten das spezifische Gewicht der Luft (proportional dem
Druck!) und damit ϱ zu erhöhen und ohne nennenswerte
Änderung der Zähigkeit μ das

$$v = \frac{\mu}{\varrho}$$

stark zu verkleinern. Hierbei erreicht man in einem unter
25 at Druck stehenden Kanal bei Fluggeschwindigkeit und
mit Modellen im Maßstab 1 : 25 die Reynolds'sche Zahl der
fliegenden Maschine. Wenn auch das R für große und schnelle
Flugzeuge noch immer nicht zu erzielen ist, so haben doch
die Versuche in natürlicher Größe und in Überdruckkanälen
zu einer Erkenntnis der Fälle geführt, in denen eine Übertragung der Meßwerte auch bei unvollkommener dynamischer
Ähnlichkeit der Strömungsverhältnisse gerechtfertigt ist.

Der grundsätzliche Verlauf des Widerstandsbeiwertes gewölbter Körper in Abhängigkeit von der Reynolds'schen Zahl
ist in Abb. 40 dargestellt und zeigt ein fast unvermitteltes

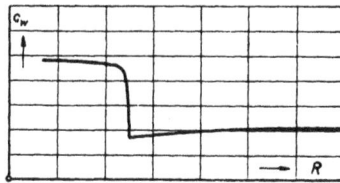

Abb. 40   Verlauf des Widerstandsbeiwertes gerundeter Körper als Funktion
der Reynoldsschen Zahl.

Absinken von c_w, ein »kritisches« Gebiet, das je nach der
Form des Widerstandskörpers bei verschiedenen R auftritt.
Dieses plötzliche Abfallen des Beiwertes kann nur durch eine
ebenso plötzliche Änderung des Strombildes hervorgerufen
sein; es ist das der Übergang der schlichten (laminaren) in die
wirbelige (turbulente) Strömungsform, welche beide in zähen
Flüssigkeiten auftreten können.

Laminar strömt die Luft bei kleinen Reynolds'schen
Zahlen; das Strombild ist stationär, also zeitlich unverändert
und zeigt eine durch die innere Reibung bedingte Schichtung.
Bei großen Kennwerten verläuft die Strömung unregelmäßig,
turbulent, zeitlich veränderlich und unter dem Einfluß der
Trägheitskräfte. Der Übergang von der laminaren in die turbulente Form erfolgt meist plötzlich bei einer ziemlich genau
bestimmbaren Reynolds'schen Zahl.

Die Oberflächenreibung nimmt wohl gegenüber der laminaren Form zu, aber gleichzeitig wird das Wirbelgebiet hinter
dem Körper so stark verkleinert, daß der Formwiderstand ganz
erheblich abnimmt. Diese Erscheinung folgt aus der charakteristischen Eigenschaft der turbulenten Grenzschicht, daß sie
sich infolge der ihr innewohnenden größeren kinetischen
Energie weit schwerer von der Körperoberfläche ablöst, als
die laminare Strömung.

Die Lage der kritischen Reynolds-Zahl, bei der die
Strömungsform umschlägt, ist von einer Reihe Nebenumstän-
den abhängig. Von Wichtigkeit ist besonders der Turbulenzgrad der anströmenden Luft, welcher bei allen Windkanal-
anlagen, aber auch im Fluge infolge der wechselnden Böigkeit,

Abb. 41. Strömung um eine Kugel
a) bei kleinem,
b) bei großem Kennwert

verschieden ist. Immerhin ist eine Abhängigkeit der Widerstandsbeiwerte von R nur in dem verhältnismäßig kleinen
Übergangsgebiet vorhanden, während im übrigen Bereich c_w
(und, bis auf eine im Abschnitt 4d besprochene Ausnahme,
auch c_a) als konstant angesehen werden kann.

Bei unvollkommener dynamischer Ähnlichkeit ist also
darauf zu achten, daß zwischen den Reynolds'schen Zahlen
der Modellmessung und der Hauptausführung keine »kritische«
Übergangsstelle liegt. Diese Voraussetzung kann bei den als
Tragflügelprofile verwendeten Körperformen als erfüllt gelten,
wenigstens mit einer für technische Zwecke hinreichenden
Genauigkeit. Bei allen gerundeten Körpern dagegen, die als
Flugzeugnebenteile Verwendung finden, wie Streben, Rädern,
Drähten u. a., liegen die Verhältnisse weniger günstig; sie wer-
den zweckmäßig in natürlicher Größe untersucht oder jeden-
falls bei uneingeschränkter mechanischer Ähnlichkeit der
Strömungsverhältnisse.

Zahlentafel II.
Übersicht einiger Windkanalanlagen.

Versuchsanstalt	Bauart des Kanals	Strahl- durchmess. od. Düsen- querschnitt m	Windge- schwin- digkeit m/s	Leistung des Gebläse- motors PS	Bau- jahr
Aerodynamische Ver- suchsanstalt Göt tingen, Deutschland	Freistrahl, Kreislauf	2,24	58	300	1917
National Advisory Com- mittee for Aeronautics Langley-Field, U.S.A.	20 atü Überdruck	1,52	24	254	1928
	Freistrahl, Kreislauf	9,1 × 18,3	51,4	2 × 4000	1931
Technische Hochschule Bukarest, Rumänien	geschloss. Meß- strecke, Kreislauf	1,50	45	35	1932
National Physical La- boratory Teddington, England	25 atü Überdruck	1,83	26,9	400	1933
Etablissement d'Expé- riences Techn.Chalais- Meudon, Frankreich	Freistrahl ohneRück- führung	8 × 16	50	6 × 1000	1934
Royal Aircraft Esta- blishment Farnbo- rough, England	Freistrahl, Kreislauf	7,32	51,4	2000	1935
Eidgenössische Tech- nische Hochschule Zürich, Schweiz	offene oder geschloss. Meß- strecke, Kreislauf	2,1 × 3,0	69,5 bzw. 83,4	2 × 275	1935

c) Profilauswahl.

Da einerseits die Turbulenz der Anströmung von Einfluß auf das plötzliche Umschlagen der Strömung, also die gemessenen Luftkräfte ist und anderenteils bei den zahlreichen Versuchsanstalten nie der gleiche Turbulenzgrad vorhanden sein kann, stößt das Vergleichen von Messungen verschiedener Anstalten auf gewisse Schwierigkeiten. Es kommt hinzu, daß unvermeidbare geringfügige Unterschiede in der Modellform oder der Art der Aufhängung (wie nach der Grenzschicht-theorie durchaus zu erwarten ist) gelegentlich einen sehr

großen Einfluß haben können und die systematische Untersuchung sog. Profilreihen erschweren, wenn nicht gar unmöglich machen. Zur Erkenntnis der Vor- und Nachteile einzelner
Flügelquerschnitte sollen daher keine folgerichtigen Versuchsreihen[1]) behandelt, sondern charakteristische Profilformen mit
ihren Polaren verglichen und im Hinblick auf ihre Anwendungs-
möglichkeiten besprochen werden.

Die Hauptkennzeichen eines Profiles sind größte Dicke d
und Wölbung f, wobei unter Wölbung die Pfeilhöhe einer von

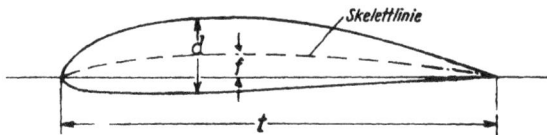

Abb. 42. Dicke und Wölbung eines Flügelquerschnittes.

Ober- und Unterseite gleichweit entfernten Profilmittellinie
über der Sehne verstanden wird. Man bezieht beide auf die
Flügeltiefe und gibt $\frac{d}{t}$ und $\frac{f}{t}$ als kennzeichnende Zahlen an[2]).

Die in der Abb. 43 dargestellten Göttinger Profile 411
und 459 sind symmetrisch, haben also die Wölbung Null und
gleiche verhältnismäßige Dicke von etwa 13% in 30% der
Mittellinie von vorn. Ihre Polaren überdecken sich vollkommen im Bereich kleinster positiver und negativer Anstellwinkel, weichen aber bei größer werdendem α stark voneinander ab. Das Profil mit dem spitz ausgeführten Vorderteil
zeigt sich hierbei unterlegen; es hat nicht nur kleinere Auftriebsbeiwerte, sondern auch einen rascher anwachsenden
Profilwiderstand (Abweichen von der Randwiderstandspara-

---

[1]) In Göttingen wurden beispielweise die nach einheitlichem
Verfahren auf zeichnerischem Wege gefundenen Joukowsky-Profile
systematisch untersucht, in den Vereinigten Staaten die sog. NACA-
Profilreihe des National Advisory Comittee for Aeronautics.

[2]) Die Amerikaner nehmen noch die Lage des größten Wölbungs-
pfeiles als charakteristische Größe hinzu und verwenden für ihre
Profilsystematik eine Kennzeichnung mit 4 Ziffern; das Profil
NACA-2212 hat also beispielsweise 2% Wölbung in $^2/_{10}$ der Flügel-
tiefe von der Vorderkante und eine größte Dicke von 12% der
Sehnenlänge.

bel!). Die Polare des vorn gerundeten Querschnitts verläuft trotz des offenbar nur geringen Formunterschieds über einen weiteren Bereich in kleinem Abstand von der Parabel des induzierten Widerstandes und erreicht auch ein größeres $c_{a_{max}}$;

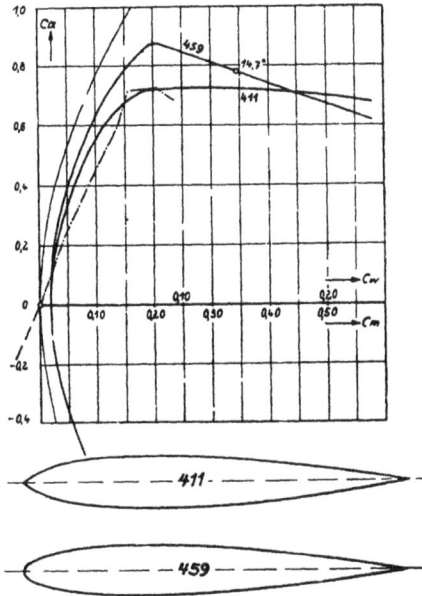

Abb. 43. Polardiagramm zweier symmetrischer Profile.

<table>
<tr><td colspan="4" align="center">Zahlentafel IIIa.
Profil 411.</td><td colspan="3" align="center">Zahlentafel IIIb.
Profil 459.</td></tr>
<tr><td align="center">α^0</td><td align="center">c_a</td><td align="center">c_w</td><td align="center">c_m</td><td align="center">α^0</td><td align="center">c_a</td><td align="center">c_w</td></tr>
<tr><td>— 2,9⁰</td><td>— 0,158</td><td>0,0107</td><td>— 0,037</td><td>— 8,8⁰</td><td>— 0,613</td><td>0,0404</td></tr>
<tr><td>— 1,5</td><td>— 0,072</td><td>0,0083</td><td>— 0,016</td><td>· 5,9</td><td>— 0,370</td><td>0,0210</td></tr>
<tr><td>0,0</td><td>0,020</td><td>0,0081</td><td>0,003</td><td>— 2,9</td><td>— 0,165</td><td>0,0108</td></tr>
<tr><td>1,5</td><td>0,117</td><td>0,0094</td><td>0,025</td><td>0,0</td><td>0,029</td><td>0,0083</td></tr>
<tr><td>2,9</td><td>0,212</td><td>0,0122</td><td>0,045</td><td>2,9</td><td>0,226</td><td>0,0115</td></tr>
<tr><td>4,4</td><td>0,302</td><td>0,0185</td><td>0,065</td><td>5,8</td><td>0,431</td><td>0,0232</td></tr>
<tr><td>5,8</td><td>0,405</td><td>0,0251</td><td>0,092</td><td>8,8</td><td>0,648</td><td>0,0419</td></tr>
<tr><td>8,8</td><td>0,592</td><td>0,0454</td><td>0,137</td><td>11,7</td><td>0,799</td><td>0,0626</td></tr>
<tr><td>11,7</td><td>0,714</td><td>0,0730</td><td>0,156</td><td>14,7</td><td>0,780</td><td>0,1380</td></tr>
<tr><td>14,7</td><td>0,717</td><td>0,1590</td><td>0,206</td><td>17,8</td><td>0,642</td><td>0,2140</td></tr>
<tr><td>17,8</td><td>0,684</td><td>0,2270</td><td>0,236</td><td></td><td></td><td></td></tr>
</table>

5*

dann erfolgt allerdings ein plötzliches Abreißen der Strömung, Nachlassen des Auftriebes und große Widerstandszunahme. Der diesen Profilen gemeinsame sehr geringe Widerstand bei angenähert symmetrischer Anblasung macht sie besonders als

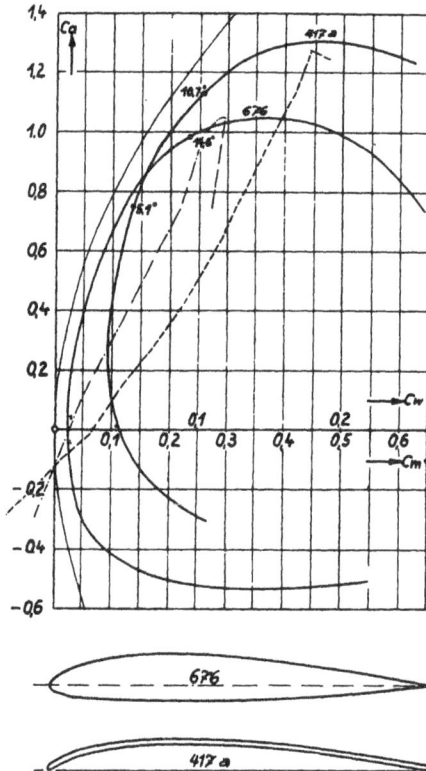

Abb. 44. Polaren zweier Querschnitte mit konvexer bzw konkaver Druckseite.

Leitwerksquerschnitte[1]) geeignet; aus dem gleichen Grunde sind sie als Tragflügelprofile für ausgesprochene Rennflugzeuge verwendbar und wegen ihres gleichen Verhaltens im Normal-

---

[1]) Infolge ihres großen Abstandes vom Flugzeugschwerpunkt haben die Leitwerksprofile in der Regel nur kleine Normalkräfte aufzubringen; vgl. III. Hauptteil, Abschnitt 2b.

und Rückenflug auch für Kunstflugzeuge. Die in jedem Polardiagramm strichpunktiert eingezeichnete Linie $c_m = f(c_a)$ ist bei den symmetrischen Profilen eine Gerade durch den Koordinatenanfang, d. h. diese Querschnitte sind im Anstellwınkelbereich des normalen Fluges druckpunktfest[1]). Das erhöht aus statischen Gründen ihre Eignung für Kunstflugmaschinen und ist auch der Grund für ihre Verwendung bei manchen schwanzlosen Flugzeugen.

Die Vorteile rein symmetrischer Profile sind bei dem oben und unten konvexen amerikanischen NACA-Profil M-12 erhalten: es ist im normalen α-Bereich als druckpunktfest[2]) anzusehen und wurde wegen seines äußerst geringen Profilwiderstandes $c_{w_p} = 0,01$ in zahlreichen schnellen Flugzeugen verwendet. Der auch in Göttingen als Nr. 676 nachgemessene Flügelquerschnitt hat infolge seiner Unsyfmmetrie eine kleine Wölbung, nur 2%, aber sıe reicht aus, um die Nachteıle des vollkommen symmetrischen Profils bei großen Anstellwınkeln zu vermeiden,

Zahlentafel IIIc.

Profil 676.

α^0	c_a	c_w	c_m
$- 32,5$	$- 0,623$	0,4480	$- 0,273$
$- 24,5$	$- 0,540$	0,3150	$- 0,224$
$- 17,6$	$- 0,516$	0,2120	$- 0,186$
$- 11,5$	$- 0,528$	0,1180	$- 0,149$
$- 5,6$	$- 0,252$	0,0166	$- 0,027$
$- 3,0$	$- 0,079$	0,0118	$+ 0,007$
0,0	$+ 0,102$	0,0094	0,047
$+ 2,9$	0,324	0,0158	0,102
5,8	0,549	0,0301	0,170
8,7	0,743	0,0477	0,215
11,7	0,887	0,0684	0,236
14,6	0,989	0,0932	0,255
16,6	1,029	0,1210	0,277
17,6	1,047	0,1390	0,287
18,6	1,049	0,1590	0,296
20,7	0.738	0,2560	0,270

höhere Tragfähıgkeıt und geringeren Profilwiderstand (vgl. $\alpha = + 14,7^0$ bei Profil 459 mit $\alpha = + 14,6^0$ bei 676!) zu erzıelen.

Die Auswirkung der Profilkrümmung allein zeigt die Polare 417a einer 6,5 %, im 1. Drittel gewölbten gleichmäßig starken Blechplatte von nur 1,5% verhältnismäßiger Dicke: Die erreichten Auftriebsbeiwerte steigen bis ≈ 1.3 an. Aller-

---

[1]) Vgl. Abschnitt 2c

[2]) Vom statischen Gesichtspunkt ist auch die verhältnismäßig große Bauhöhe für den Hinterholm bei diesem Profil besonders vorteilhaft.

dings hält sich der Profilwiderstand nur zwischen 5⁰ und 10⁰ Anstellwinkel in für flugtechnische Zwecke gerade noch tragbaren Grenzen; darüber und darunter nimmt er infolge der ungünstigen Formgebung schnell zu. Die starke Druckmittelwanderung ist eine Folge der verhältnismäßig viel gewölbten Profilunterseite.

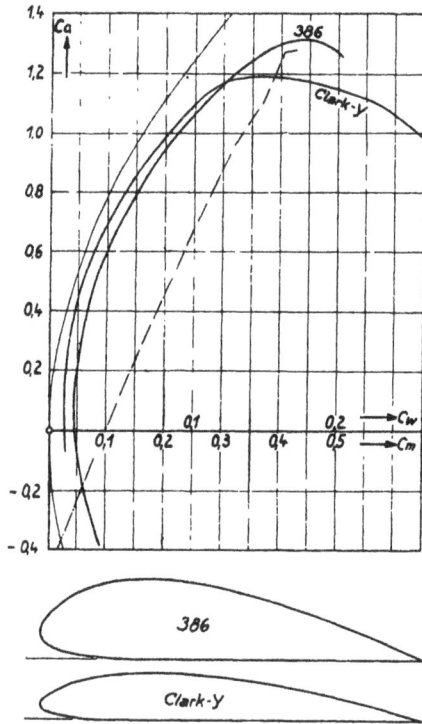

Abb. 45. Kennlinien zweier Profile mit gerader Druckseite und 11,7 bzw 20 % verhältnismäßiger Dicke.

Sie kann also durch geradlinige Ausbildung der Druckseite, wie bei Profil 386 zu ersehen, vermieden werden, was zugleich statische und fabrikatorische Vorteile bringt. Durch Vergleich der beiden Polaren von Göttingen 386 und dem bekannten amerikanischen Clark-Y mit gleichfalls gerader Profilunterseite kann man ferner zwei grundsätzliche und allgemein-

Zahlentafel IIId.
Profil 386.

α^0	c_a	c_w	c_m
— 14,9	— 0,354	0,0356	0,026
— 12,9	— 0,183	0,0236	0,060
— 10,5	— 0,085	0,0209	0,081
— 9,0	+ 0,005	0,0184	0,100
— 7,5	0,097	0,0176	0,119
— 6,1	0,196	0,0193	0,142
— 4,6	0,293	0,0223	0,163
— 3,1	0,390	0,0266	0,184
— 0,2	0,584	0,0390	0,230
+ 2,7	0,777	0,0576	0,282
5,7	0,946	0,0808	0,316
8,6	1,112	0,1110	0,357
11,5	1,270	0,1460	0,403
14,5	1,280	0,1990	0,424

Zahlentafel IIIe.
Profil Clark-Y.

α^0	c_a	c_w
— 6	— 0,029	0,0114
— 4,5	+ 0,080	0,0105
— 3	0,193	0,0113
— 1,5	0,299	0,0145
0	0,417	0,0176
+ 1,5	0,516	0,0225
3	0,618	0,0275
4,5	0,725	0,0369
6	0,836	0,0570
9	1,037	0,0795
12	1,168	0,1072
15	1,182	0,1476
18	1,118	0,2124
21	0,970	0,2545

gültige Zusammenhänge erkennen: Bei gut geformten Tragflügelquerschnitten ist der Profilwiderstand im Bereich normaler Flugzustände konstant; sein Kleinstwert wächst etwa linear mit der Profildicke. Der zu diesem $c_{w_{\min}}$ gehörige Auftriebsbeiwert — man nennt ihn $c_{a_{opt}}$ — nimmt mit der Wölbung ab (bei symmetrischen Profilen ist er natürlich Null!),

Zahlentafel IIIf
Profil 523.

α^0	c_a	c_w	c_m
— 9,1^0	0,268	0,1030	0,160
— 6,1	0,323	0,0885	0,199
— 4,7	0,467	0,0568	0,314
— 3,2	0,632	0,0445	0,400
— 1,8	0,738	0,0549	0,430
— 0,3	0,845	0,0640	0,458
+ 1,2	0,950	0,0775	0,489
2,6	1,047	0,0915	0,518
4,1	1,150	0,1080	0,544
5,6	1,232	0,1230	0,564
8,5	1,413	0,1600	0,607
11,4	1,563	0,1990	0,646
14,4	1,691	0,2420	0,680
17,4	1,720	0,2920	0,686
20,4	1,685	0,3360	0,680

Zahlentafel IIIg.
Profil 535.

α^0	c_a	c_w	c_m
— 9,0^0	— 0,035	0,0191	0,113
— 6,1	+ 0,179	0,0174	0,166
— 4,6	0,286	0,0197	0,193
— 3,1	0,388	0,0234	0,216
— 1,7	0,500	0,0293	0,244
— 0,2	0,605	0,0370	0,268
+ 1,2	0,715	0,0465	0,298
2,7	0,820	0,0569	0,326
4,2	0,925	0,0697	0,350
5,6	1,025	0,0837	0,376
8,6	1,211	0,1140	0,424
11,5	1,390	0,1510	0,472
14,4	1,530	0,1910	0,507
17,4	1,535	0,2460	0,526

bei gleichbleibender Wölbung und kleiner werdender Profildicke aber zu; denn das ist ja gleichbedeutend mit wachsender Pfeilhöhe der Unterseite.

Um besonders große Auftriebsbeiwerte zu erhalten, ist
die Profildruckseite so zu wölben, daß sie, wie bei Göttingen

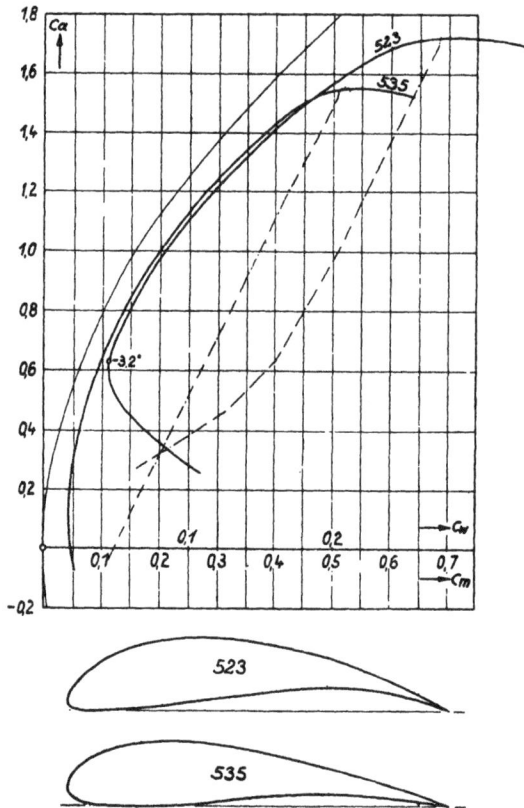

Abb. 46   Polaren zweier Segelflugzeugprofile für einholmige Bauweise.

Nr. 523, im letzten Sehnendrittel ihre größte Pfeilhöhe erhält.
Dann ist allerdings eine zweiholmige Bauart des Tragflügels
ausgeschlossen; da solche Profile aber nur für Leistungssegel-
flugzeuge in Frage kommen, bedeutet das wegen der dort be-
vorzugten einholmigen Tragflügel mit Torsionsnase keinen

Nachteil. Unerwünscht, aber nicht zu vermeiden, ist bei so hoch gewölbten Querschnitten die starke Druckmittelwanderung und infolge der verhältnismäßig spitzen, tief heruntergezogenen Vorderkante das plötzliche Abreißen der Strömung bei noch kleinen negativen Anstellwinkeln (— 3,2⁰ bei 523!).

Das Göttinger Profil 535 ist durch gutes Abrunden der Nase und Verkleinern der Wölbung in bezug auf Druckmittelwanderung und Abreißen der Strömung bei negativen Anstellwinkeln bedeutend unempfindlicher und damit günstiger gemacht worden. Der Auftriebsgrößtwert erreicht selbstverständlich nicht mehr den des Profils 523; aber durch den kleineren Profilwiderstand wird ein mit diesem Querschnitt 535 gebauter Tragflügel nicht nur etwas schneller[1]), sondern auch aus verschiedenen anderen Gründen wieder vorteilhafter. Tatsächlich ist 535 von allen bis jetzt veröffentlichten Profilen am besten für Segelflugzeuge geeignet und in den meisten deutschen Übungs- und Leistungsmaschinen zumindest als Ausgangs- oder Grundprofil verwendet, sofern zur Erzielung günstigerer Auftriebsverteilung oder Flugeigenschaften eine aerodynamische Schränkung vorgesehen wurde.

d) Auftriebsmaximum.

Für die Profilauswahl kann das Verhalten eines Querschnittes im normalen Flugbereich nicht allein maßgebend sein; zum Erreichen einer großen Geschwindigkeitsspanne, kurzem Start und geringer Landegeschwindigkeit ist ein möglichst großer Wert von $c_{a_{max}}$ unerläßlich. Bei allen üblichen Querschnittsformen steigt mit wachsendem Anstellwinkel der Profilwiderstand an und der Auftrieb läßt stärker nach bis schließlich, oberhalb des Maximalwertes von c_a, die Zirkulationsströmung abreißt und sich ein großes Totraum- oder Wirbelgebiet über und hinter der Flügelsaugseite bildet. Bei weiter wachsendem α zeigen alle Profile nach kurzem Bereich unregelmäßigen und unübersehbaren Verhaltens ein mehr oder weniger rasches Abfallen des Auftriebes.

---

[1]) In dem Bestreben noch schnellere Segelflugzeuge zu bauen, wird man vielleicht das in dieser Hinsicht etwas günstigere Profil 534 bevorzugen.

Zahlentafel IIIh. **Koordinaten der**

Profil	x	0	1,25	2,5	5,0	7,5	10	15
386	y_0	6,20	10,10	11,75	13,95	15,60	16,85	18,65
	y_u	6,20	4,00	3,10	2,10	1,50	1,00	0,50
Clark-Y	y_0	3,58	5,38	6,43	7,83	8,79	9,56	10,63
	y_u	3,62	1,86	1,42	0,91	0,59	0,39	0,12
411	$y_0 = y_u$	0,00	1,05	1,80	3,05	3,80	4,60	5,50
459	$y_0 = y_u$	0,00	1,80	2,65	3,60	4,30	4,85	5,55
523	y_0	2,00	5,70	7,45	9,90	11,65	13,20	15,55
	y_u	2,00	0,65	0,30	0,05	0,00	0,05	0,40
535	y_0	4,30	8,35	9,75	11,55	12,90	13,95	15,30
	y_u	4,30	2,30	1,55	0,80	0,50	0,30	0,05
676 (M-12)	y_0	0,00	1,85	2,70	3,95	4,85	5,50	6,60
	y_u	0,00	—1,60	—2,15	—2,70	—3 00	—3,25	—3,50
677 (M-6)	y_0	0,00	1,80	2,75	4,05	4,90	5,65	6,75
	y_u	0,00	—1,70	—2,25	—2,75	—3,00	—3,20	—3,40

Die Größe des erreichbaren $c_{a\max}$ hängt aber nicht nur von den im vorigen Abschnitt hervorgehobenen Formen des Profils ab, sondern ebenso von der Rauhigkeit des Flügels, der Reynolds'schen Zahl und dem Maß der Durchwirbelung der anströmenden Luft[1]). Es hat überhaupt den Anschein, als ob die Profilform keine großen Unterschiede im $c_{a\max}$ bewirken könnte; denn nach eingehenden Versuchen nimmt bei flachen Profilen der Auftriebsgrößtwert mit wachsendem R zu, bei stark gewölbten dagegen ab, so daß bei den im Fluge stets großen Reynolds-Zahlen die Unterschiede sich weitgehend ausgleichen. Infolge des über den ganzen Anstellwinkelbereich hohen Profilwiderstandes sind die hochgewölbten Querschnitte, mit denen man etwa ein $c_{a\max} = 1{,}8$ erreichen kann, praktisch nicht verwendbar. Zweckmäßiger ist es, das Profil nach den Erfordernissen des normalen Reisefluges auszuwählen und durch geeignete Maßnahmen entweder seine Form verstellbar zu

---

[1]) Der Italiener Mattioli hat durch Anbringen eines Drahtes vor der Flügelnase (Diruttore) die anströmende Luft künstlich turbulent gemacht und das festere Haften der durchwirbelten Grenzschicht an der Profiloberseite mit Erfolg ausgenutzt.

besprochenen Tragflügel-Querschnitte.

20	30	40	50	60	70	80	90	95	100
19,65	20,10	19,30	17,40	14,80	11,70	8,20	4,35	2,30	0,00
0,25	0,10	0,00	0,00	0,00	0,00	0,00	0,00	0,00	0,00
11,32	11,68	11,37	10,49	9,13	7,34	5,21	2,79	1,50	0,12
0,01	0,00	0,00	0,00	0,00	0,00	0,00	0,00	0,00	0,00
6,05	6,60	6,55	6,05	5,30	4,50	3,20	1,80	0,95	0,00
6,00	6,35	6,30	5,80	5,05	4,05	2,90	1,60	0,90	0,00
17,00	18,35	18,25	17,20	15,30	12,80	9,45	5,20	2,70	0,00
0,80	1,90	3,05	4,25	5,35	5,90	5,25	3,25	1,80	0,00
16,05	16,30	15,35	13,75	11,65	9,22	6,55	3,55	1,90	0,15
0,00	0,25	1,15	2,20	3,00	3,00	2,50	1,45	0,65	0,15
7,35	7,95	7,85	7,25	6,20	4,95	3,40	1,80	0,95	0,15
— 3,70	— 3,95	—3,95	— 3,75	— 3,45	— 2,95	— 2,25	— 1,25	— 0,70	— 0,15
7,50	8,20	8,00	7,25	6,05	4,60	3,15	1,65	0,95	0,20
— 3,60	— 3,75	— 3,85	— 3,80	— 3,70	— 3,35	— 2,75	— 1,65	— 0,95	— 0,20

machen, oder seine Strömung derart zu beeinflussen, daß für Start und Landung ein besonders hoher Auftriebswert erreicht wird.

Von Versuchen dieser Art sind eine große Zahl bekannt geworden, besonders erfolgreiche sind in Zahlentafel IV zusammengestellt. Die einfachste Form eines Verstellprofiles hat der normale Tragflügel mit Landeklappe, dessen hinterer Teil wie ein Querruder gegen den vorderen angestellt werden kann; der Erfolg ist eine je nach Form des Grundprofiles, Klappentiefe und Anstellung verschiedene Erhöhung des $c_{a_{max}}$ um 30 bis 50%, die in vielen Fällen durchaus hinreichend ist.

Klappt man nach dem Vorschlag von Gruschwitz und O Schrenk den hinteren Teil der Flügeldruckseite abwärts, so genügt bereits eine Tiefe dieser Spreizklappe von 10% der Flügelsehne, um eine Auftriebserhöhung bis $c_{a_{max}} = 2,16$ zu erzielen

Die nach ihrem Erfinder E. F. Zaparka benannte Zap-Klappe verbindet mit dieser Profiländerung eine Vergrößerung von Flächentiefe und Wölbung, indem die Vorderkante der Spreizklappe gleichzeitig nach rückwärts verlagert wird.

Zahlentafel IV.

Erfolgreiche Konstruktionen zur Erhöhung des Auftriebsgrößtwertes.

Bezeichnung	An-ordnung	Anstell-winkel des Ausgangs-profils α^0	Ausschlag der Klappe β^0	Größter Auftriebs-beiwert $c_{a\,max}$
Grundprofil		15	—	1,29
Einfache Landeklappe .		12	45	1,95
Landeklappe mit Spalt .		12	45	1,98
Automatisch. Hilfsflügel nach Handley - Page-Lachmann.		28	—	1,63*)
Hilfsflügel und einfache Klappe		19	45	2,18
Hilfsflügel und Schlitz-klappe		19	45	2,26
Junkers'scher Doppel-flügel		13	40	1,80
Einfache Spreizklappe .		14	50	2,16
Zap-Klappe.		13	60	2,35 *)
Fowler-Flügel		15	40	2,42 *)

*) Bezogen auf ursprüngliche Fläche!

Sie bildet damit den Übergang zu einer Reihe von Versuchen, die mit Hilfe von Profiländerung und Flächenvergrößerung eine Erhöhung des Gesamtauftriebs am Flügel erzielen. Wegen der sich hierbei ergebenden konstruktiven Schwierigkeiten ist nur ein verschwindend kleiner Teil zur wirklichen Ausführung[1]) gelangt.

Nennenswerte Erfolge konnten immer nur dann erzielt werden, wenn gleichzeitig Vorsorge dafür getroffen war, daß bei größer werdenden Anstellwinkeln die Zirkulation durch besondere strömungstechnische Mittel angefacht und aufrechterhalten wird. Von rein theoretischen Erwägungen ausgehend

---

[1]) In Deutschland hat der Versuchsflugzeugbau der Technischen Hochschule Breslau solche Maschinen herausgebracht; vgl. auch:

Jaeschke, R., Ein Beitrag zur Lösung des Problems der Verkürzung von Start und Landung bei Flugzeugen ZFM 22 (1931) S. 221/228.

Schmeidler, W. und Neumann, G., Ein Versuchsflugzeug mit veränderlicher Tragfläche. ZFM 23 (1932) S. 505/507.

kam Prandtl auf den Gedanken, durch Absaugen der infolge Reibungsverlusten stark verlangsamten Grenzschicht das Ablösen der Strömung von der Saugseite hinaus zu zögern. Durch Modellversuche wurde die Richtigkeit dieser Überlegung bestätigt und c_a-Werte bis 5,0 erreicht.

Strömungstechnisch ebenso interessant sind die Versuche von Seewald u. a., die durch Ausblasen von Druckluft der Grenzschicht kinetische Energie zuführten[1]) und das Abreißen der Strömung bis etwa $c_a = 3,3$ verhindern konnten. Hier sind auch Versuche von Wolf und Koning zu erwähnen, welche die Nase des Göttinger Profils 386 als Rotor ausbildeten, wodurch das vorzeitige Ablösen der Grenzschichtströmung gleichfalls erfolgreich verhindert wurde und bei einem Verhältnis der Umfangsgeschwindigkeit des Rotors zur Fluggeschwindigkeit $u/v = 3,2$ größte Auftriebsbeiwerte bis 2,4 erzielt werden konnten. Die komplizierte konstruktive Durchführung aller dieser Methoden steht ihrer praktischen Durchführung hindernd im Wege.

Als einzige der Maßnahmen zur Anfachung der Zirkulationsströmung hat sich der Schlitzflügel von Handley-Page und Lachmann praktisch mit Erfolg durchzusetzen vermocht. Von den verschiedensten Möglichkeiten einer Unterteilung des Tragflügelprofils, die Luft durch einen Düsenspalt von der Druckseite nach der Saugseite zu leiten und damit der Grenzschicht Strömungsenergie zuzuführen, haben sich im Laufe der Zeit der (vielfach automatisch wirkende) bewegliche Hilfsflügel an der Vorderkante und der Schlitz vor dem Querruder bzw. der Landeklappe (wie ihn auch der Junkers'sche Doppelflügel und der amerikanische Fowler-Flügel enthalten) als besonders zweckmäßig erwiesen.

Da alle diese Sondereinrichtungen an Tragflügeln nicht nur der Vergrößerung des $c_{a_{max}}$ dienen. ist ein Vergleich ihrer Zweckmäßigkeit und Wirksamkeit in diesem Abschnitt noch nicht möglich; die weitere Verfolgung der Zusammenhänge wird im 2. Band an geeigneter Stelle wieder aufgenommen werden.

---

[1]) Der Leistungsaufwand ist hierbei erheblich größer als beim Absaugen der Grenzschicht.

e) Polare des Flugzeuges.

Aus der Umrechnung der gemessenen Profilbeiwerte auf das Seitenverhältnis des Flugzeugentwurfes erhält man die Polare des Tragflügels, die nun unter Beachtung des Modellgesetzes auf die Ausführung im großen übertragen werden kann. Um die Polare des ganzen Flugzeuges zu erhalten, sind ferner die »schädlichen« Widerstände aller derjenigen Teile zu berücksichtigen, die an der Erzeugung des Auftriebes keinen Anteil haben.

Die Widerstandszahlen der wichtigsten Flugzeugnebenteile sind in Zahlentafel V zusammengestellt; man hat bei ihrer Verwendung zunächst darauf zu achten, daß sie sämtlich auf die Stirnflächen der Widerstandskörper bezogen sind. Um sie mit den Widerstandsbeiwerten des Tragflügels zusammenfassen zu können, muß man sie also noch auf die tragende Fläche F umrechnen; für jeden Einzelteil ist

$$W_s = c_{w_{s_1}} \cdot q \cdot f = c_{w_{s_2}} \cdot q \cdot F,$$

also

$$c_{w_{s_2}} = \frac{c_{w_{s_1}} \cdot f}{F}.$$

Zahlentafel V.

Beiwerte c_{w_s} gut durchgebildeter Flugzeugteile, bezogen auf ihre Stirnfläche f.

Rumpf	0,13 — 0,20
Windschutz	0,30
Flugboote ohne Gleitstummel	0,11 — 0,16
Schwimmer	0,16 — 0,22
Sternmotor, luftgekühlt	0,50 — 0,70
Stirnkühler	0,50 — 0,68
Scheibenräder mit Hochdruckreifen .	0,32
Scheibenräder mit Niederdruckreifen	0,21 — 0,24
Scheibenräder unter Radkappen .	0,18
Sporn mit Gleitschuh	0,30
Ruderhebel	0,15
Kabel und Seile	1,08 — 1,16
Profildrähte	0,30 — 0,40
Streben und Stiele	0,10 — 0,20

Bei Verwendung der vorstehenden Zahlentafel (deren
Zahlen selbstverständlich nur Anhaltspunkte geben können!)
wird nicht berücksichtigt, daß der Beiwert des schädlichen
Widerstandes nicht nur eine Funktion der Form, sondern
auch des Anstellwinkels ist und manche Flugzeugteile bei
nicht symmetrischer Anblasung auch Auftrieb liefern,
was infolge des gleichzeitig stark anwachsenden Formwiderstandes fast immer unerwünscht ist. Rümpfe und Schwimmer
zeigen vor allem diese Erscheinung; besonders dann, wenn
sie kantigen Querschnitt besitzen.

Das Leitwerk hat bei den üblichen Flugzeugen im Nor-
malfluge keinen Auftrieb zu erzeugen; es wird also zur Erzielung kleinstmöglichen Widerstandes zweckmäßig mit symmetrischem Querschnitt, rechteckigem oder elliptischem Umriß (der hier von größerer Bedeutung ist als beim Tragflügel!)
und gutem Seitenverhältnis gebaut. Die Luftkräfte ändern
sich natürlich auch bei jedem Ruderausschlag, doch ist diese
Tatsache für die Aufstellung der Flugzeugpolare bedeutungs-
los und wird erst an anderer Stelle, beispielsweise zum Berechnen des Längsmomentenausgleiches, berücksichtigt werden.

Für Streben, Rund- und Profildrähte gilt übereinstimmend die Beziehung, daß der Widerstand sich beim Neigen
ihrer Längsachse gegen die Flugrichtung stark verringert, da
nicht allein die Ansichtsfläche mit dem Kosinus des Neigungswinkels kleiner, sondern gleichzeitig der Querschnitt schlanker

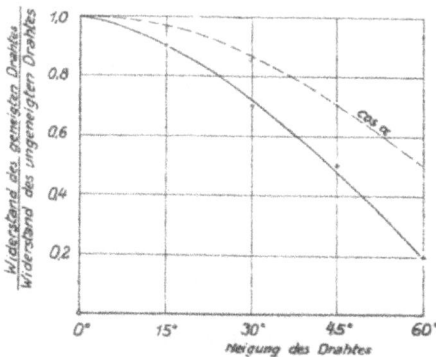

Abb. 47 Abnahme des schädlichen Widerstandes eines Drahtes von Kreisquerschnitt bei Neigung gegen die Windrichtung, verglichen mit der Verkleinerung der Ansichtsfläche (nach Eiffel).

wird. Für Runddrähte ist die Widerstandsänderung mit der Neigung in Abb. 47 dargestellt; bei Seilen und Kabeln ist c_{w_s} nicht nennenswert größer als bei Runddrähten gleichen Durchmessers. Die Drehung von Streben oder Linsendrähten um ihre Längsachse ruft Querkräfte und großen zusätzlichen Widerstand hervor, was im allgemeinen von Nachteil ist, aber bei großen Streben an Motor- und Segelflugzeugen schon erfolgreich zum Bremsen bei der Landung ausgenutzt wurde.

Wie schon oben angedeutet, wird in der Praxis der Beiwert des von allen nichttragenden Teilen herrührenden Widerstandes nur für den Normalflug bestimmt und seine Änderung mit dem Anstellwinkel vernachlässigt. Zur Berechnung des Gesamtwiderstandsbeiwertes genügt es aber nicht, die Summe der auf F bezogenen Widerstandszahlen aller nichttragenden Flugzeugteile

$$c_{w_{s_2}} = \frac{\Sigma \, (c_{w_{s_1}} \cdot f)}{F}$$

zu jedem Widerstandsbeiwert der Tragflügelpolare zu addieren. Aus leider erst vereinzelt durchgeführten Messungen geht hervor, daß der Gesamtwiderstand eines Flugzeuges erheblich (10—20%) größer ist, als die Summe der Widerstände seiner Einzelteile. Das beruht auf einer gegenseitigen Beeinflussung aller im Luftstrom liegenden Flugzeugteile, die grundsätzlich nicht immer widerstandsvermehrend sein muß, aber in ihrer Gesamtwirkung einen für kleinsten induzierten Widerstand konstruierten Tragflügel nur verschlechtern kann. Den Hauptanteil der Beeinflussung, abgesehen von der in der Doppeldeckerberechnung bereits berücksichtigten gegenseitigen Induktion zweier Tragflügel, werden natürlich die Flugzeugrümpfe bzw. große Motorengondeln liefern.

Wie aus zahlreich durchgeführten Windkanalmessungen zu entnehmen ist, wird beim Tiefdecker der zusätzliche Widerstand besonders groß, der sog. Mitteldecker ist bei kleinen und mittleren Anstellwinkeln günstig, während der Hochdecker nur bei großem α von Vorteil ist[1]). Die Ursache liegt in der ungünstigen Beeinflussung der für den Flügel besonders wichtigen

---

[1]) Die Hoch- und Schulterdecker-Bauweise empfiehlt sich demnach für Flugzeuge mit guter Steigfähigkeit.

Zirkulationsströmung auf der Saugseite und wird von über
der Tragfläche liegenden Motorengondeln in gleicher Weise
hervorgerufen wie von langen Rümpfen. Ein Weg zur Vermeidung oder zumindest Einschränkung der Widerstandszunahme läßt sich leicht finden, wenn man in- Abb. 48 die
Strömung zwischen der Rumpfseitenwand (a) und einer durch
die Zirkulationsströmung in geringem Abstand daneben gelegten Ebene (b) betrachtet. Gerade im empfindlichsten Teil
der Zirkulation auf der Saugseite — von der Stelle des geringsten Druckes bis zur Profilhinterkante — muß unbedingt
vermieden werden, daß die Stromlinien divergieren, also an
Geschwindigkeit einbüßen und infolge des rasch anwachsen-

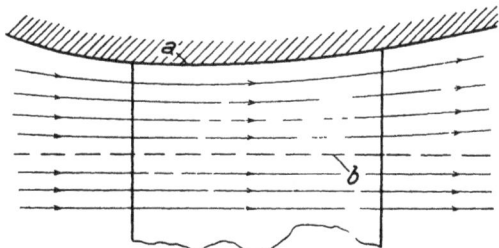

Abb. 48 Der sog. Diffusoreffekt an der ungünstig verlaufenden Rumpfseitenwand eines Tiefdeckers.

den Druckes eine Grenzschichtablösung und Wirbelblidung
hervorrufen. Diese »Diffusor«-Wirkung ist nach Versuchen
von H. Muttray beim Tiefdecker dann besonders groß, wenn
der sog. Flächenwinkel zwischen Flügelebene und Rumpfseitenwand weniger als 90⁰ beträgt.

Eine erhebliche Verbesserung der Strömungsverhältnisse
ist schon dadurch zu erzielen, daß man dem Rumpf im ge-
fährdeten Bereich auf der Flügelsaugseite parallele Seiten-
wände gibt; weiterhin ist es zweckmäßig, die Ecken zwischen
Rumpf und Flügel rund auszukleiden und zwar so, daß der
Radius nach der Hinterkante zu größer wird.

Ganz zu vermeiden ist eine ungünstige Beeinflussung von
Rumpf und Tragflügel bei der Tiefdeckeranordnung in keinem
Falle, denn sogar eine in der Symmetrieebene einer Tragfläche
liegende ebene und dünne Scheibe verringert merklich den
Auftrieb und erhöht den Widerstand. Es ist das die Folge der

von Prandtl mit »Sekundärströmung« bezeichneten Erscheinung, daß die in der Grenzschicht der ebenen Platte verlaufenden (in Abb. 49 gestrichelt gezeichneten) Flüssigkeitsteilchen ihre kinetische Energie rascher verlieren; gegen den
ansteigenden Druck beschreiben sie stärker gekrümmte Bahnen
und lösen sich leichter von der Tragflügeloberseite ab als die
weiter entfernten (in der Abbildung ausgezogenen) Stromfäden.

Nach einer Beachtung dieser Zusammenhänge muß man
immer noch den Widerstand des Rumpfes am Tragflügel etwa
doppelt so groß wie seinen Einzelwiderstand, den einer großen
Motorengondel mindestens $2\frac{1}{2}$ fach einsetzen. Nur bei sehr

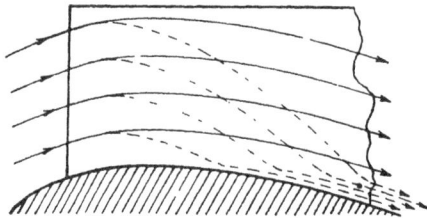

Abb. 49 »Sekundärstromung« an einer ebenen Platte auf der Flügeloberseite

kleinen Motorengondeln, die man fast ganz im Flügel unter-
bringen kann, gelingt es die gegenseitige Beeinflussung so klein
zu halten, daß sie zu vernachlässigen ist.

Die Tragfähigkeit des durch den Rumpf ersetzten Flügel-
mittelstückes bleibt bei der Annahme unendlich großer Spannweite erhalten. Bei einem Mitteldecker endlicher Spannweite
kann auch die gesamte Rumpfbreite als »mittragend« gerechnet werden, während der Auftrieb bei Hoch- und Tiefdeckern
eigentlich um einen geringen Betrag zu verkleinern wäre; doch
findet man in den Flugzeugberechnungen der Praxis fast aus-
nahmslos die Tragfläche F mit dem unverminderten Produkt
Rumpfbreite mal Flügeltiefe zur sog. aerodynamischen
Fläche F_{aer} zusammengefaßt.

Beim Einbau eines luftgekühlten Sternmotors in die Rumpfspitze wird der Gesamtwiderstand bei richtiger Formgebung
bedeutend niedriger zu halten sein als die Summe der Einzel-
widerstände; vorausgesetzt, daß auch hier ein Diffusoreffekt

vermieden und die Strömung durch einen Townend-Ring oder eine NACA-Verschalung konvergent gemacht wird.

Der nach seinem Erfinder benannte Townend-Ring wirkt wie ein Tragflügel durch Zirkulationsströmung und Abwind, die beide von Anstellwinkel, Rücklage und Durchmesser abhängig sind. Er ist vorteilhaft bei größerer Zylinderzahl, einfach in der Konstruktion und leicht, läßt sich auch an fertigen Maschinen nachträglich ohne Rumpfänderung anbringen und behindert nicht die Zugänglichkeit des Motors. Infolge der ausgezeichneten Kühlwirkung ist der Townend-Ring vor-

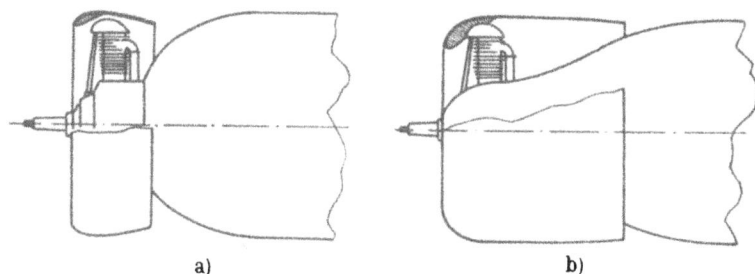

a)   b)

Abb. 50. Widerstandsverminderung bei luftgekühlten Sternmotoren·
a) Townend-Ring,
b) NACA-Verschalung

nehmlich für thermisch hochbelastete Motoren und Maschinen großer Steigfähigkeit geeignet.

Die NACA-Verkleidung ist etwa 4mal so schwer; sie führt den Luftstrom mittels Leitblechen um die Zylinder herum und läßt ihn auf kleineren Querschnitt zusammengepreßt tangential zur besonders geformten Rumpfkante wieder austreten. Sie ist in der Widerstandsverminderung noch günstiger, also besonders für höchste Geschwindigkeiten geeignet, muß aber sorgfältig ausprobiert werden. Beide Grundformen, die übrigens gleichzeitig als Auspuffsammler durchgebildet werden können, haben zu weiteren Versuchen und Konstruktionen von Verkleidungen luftgekühlter Motoren angeregt, die sich aber alle noch im Versuchsstadium befinden[1]).

---

[1]) Bewährt haben sich u. a. der Townend-Ring mit Innenleitring und Nabenhaube, die NACA-Verschalung mit regelbarem Austrittsquerschnitt und der sog Tunnel-Ring des amerikanischen Ingenieurs Watter.

Der Widerstand der Kühlrippen von luftgekühlten Zylindern und der Kühler bei flüssigkeitsgekühlten Flugmotoren kann nicht als eigentlich schädlich bezeichnet werden, da die erforderliche Kühlwirkung eine Funktion der Oberflächenreibung ist. Es kann also durch geschickte Formgebung nur am Formwiderstand gespart werden. Selbstverständlich ist bei der Anbringung von Kühlern darauf zu achten, daß sie die Zirkulation am Tragflügel nicht stören; man hängt sie deshalb immer an der Druckseite des Profils auf oder am Bug des Rumpfes.

Bei der Anordnung kleinerer Einzelteile, wie Streben, Ruderhebel usw. darf man nicht vergessen, daß selbst scheinbar geringfügige vorstehende Teile eine völlige Änderung der Strömung an Stromlinienkörpern hervorrufen können. Nur eine sorgfältige Überlegung der Strömungsverhältnisse kann zu günstiger Anordnung führen und ein richtiges Abschätzen des gesamten Widerstandes ermöglichen. Der Beiwert des schädlichen Widerstandes ganzer Flugzeuge liegt zwischen 0,01 und 0,03; dem von Hochleistungs-Segelflugzeugen erreichten Kleinstwert kommt das c_{ws} von Schnellverkehrsflugzeugen modernster Bauweise bereits sehr nahe.

Zweiter Hauptteil.

Kräftegleichgewicht und Flugleistungs-
berechnung.

Abschnitt 1. Gleitflug.

a) Gleitgeschwindigkeit und Gleitwinkel.

Bei allen in diesem 1. Band der »Flugzeugberechnung«
behandelten Flugzuständen soll vorausgesetzt werden, daß es
sich um geradlinige und gleichförmige Bewegungen handelt. Damit entfallen alle im ungleichförmigen Flug auftretenden beschleunigenden oder verzögernden Massenkräfte, auch
die im stationären Kurvenflug vorhandenen Zentrifugalkräfte,
und für alle folgenden Betrachtungen der Flugvorgänge in
einer Ebene genügen die bekannten Gleichgewichtsbedingungen,
daß die Summe aller Kräfte in zwei aufeinander senkrecht
stehenden Richtungen, sowie die Summe aller Momente Null
sein muß. Die Bedingung des Momentenausgleichs, welche im
nächsten Hauptteil eingehende Berücksichtigung finden wird,
soll hier als erfüllt angesehen werden. Das ist durchaus berechtigt, denn bei allen richtig konstruierten Maschinen treten im
normalen Flugbereich nur sehr kleine Drehmomente um die
Achsen des Flugzeuges auf, und es genügen verhältnismäßig
kleine Ruderkräfte, die für den Gesamtkräftehaushalt zum
Aufrechterhalten der gleichförmigen Flugbewegung ohne praktische Bedeutung sind.

Befindet sich ein motorloses Flugzeug oder eine Motormaschine mit stehender bzw. leerlaufender Luftschraube im
Gleitflug, so können nach den oben gemachten Voraussetzungen
nur Luftkräfte und Gewichte den Flugzustand bestimmen,
müssen also untereinander im Gleichgewicht stehen. Alle Teilgewichte und auch alle Luftkräfte denkt man sich in der
Symmetrieebene des Flugzeuges zusammengefaßt, so daß am

Gesamtschwerpunkt der Maschine das in Abb. 51 dargestellte
Kräftebild entsteht. Die Resultierende aller Teilgewichte, das
sog. Fluggewicht G, wirkt natürlich in jeder beliebigen Fluglage vom Schwerpunkt senkrecht nach unten. Das für einen
gleichförmigen Flug erforderliche Gleichgewicht ist also nur
dann vorhanden, wenn die Resultierende R_{ges} aller Luftkräfte

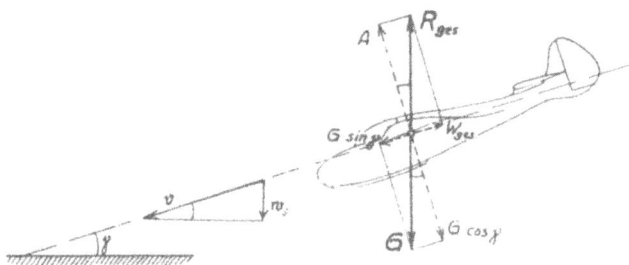

Abb. 51. Kräftegleichgewicht im Gleitflug

auch durch den Schwerpunkt geht und entgegengesetzt gleich
groß ist:

$$G = R_{ges} = c_{r_{ges}} \cdot \frac{\varrho}{2} \cdot v^2 \cdot F \qquad \text{[kg]}.$$

Das R_{ges} unterscheidet sich von der Luftkraftresultierenden R
am Tragflügel nur dadurch, daß es auch die Widerstandskräfte
aller nichttragenden Flugzeugteile enthält; es gelten also alle
am Tragflügel abgeleiteten Formeln auch für das ganze Flugzeug, sobald man W durch W_{ges} bzw. c_w durch $c_{w_{ges}}$ ersetzt.
Aus der Gleichgewichtsbedingung folgt die Bahngeschwindigkeit im Gleitflug

$$v = \sqrt{\frac{G}{F} \cdot \frac{2}{\varrho} \cdot \frac{1}{c_{r_{ges}}}} \qquad \text{[m/s]}.$$

Sie nimmt offenbar zu mit der im Fluge unveränderlichen[1])
»Flächenbelastung« G/F [kg/m²], bei größerer Flughöhe sowie
kleiner werdendem Anstellwinkel. Die Gleitgeschwindigkeit
ändert sich also mit jeder vom Piloten durch Ruderausschlag
bewirkten Änderung des Anstellwinkels und damit auch des

---

[1]) Ausgenommen die seltenen Maschinen mit im Fluge verstell-
barer Tragfläche

Gleitwinkels γ zwischen Flugbahn und Horizont; denn nach dem Kräftedreieck in Abb. 51 ist

$$\operatorname{tg} \gamma = \frac{W_{ges}}{A} = \frac{c_{wges} \cdot q \cdot F}{c_a \cdot q \cdot F}$$

$$\operatorname{tg} \gamma = \frac{c_{wges}}{c_a} = \varepsilon.$$

Dieser Ausdruck wird Gleitzahl genannt und läßt klar erkennen, daß der Gleitwinkel allein von den aerodynamischen Eigenschaften, also der Polare eines Flugzeuges[1]) abhängig ist und sich für jeden Anstellwinkel α und jedes Wertepaar c_a und c_{wges} ohne weiteres berechnen läßt.

Für den negativen Anstellwinkel, bei dem $c_a = 0$ ist, wird $\operatorname{tg} \gamma = \infty$ und damit $\gamma = 90^0$. Die Maschine führt also einen senkrechten Sturzflug aus und erreicht hierbei die größte Geschwindigkeit; diese ergibt sich aus der Gleichgewichtsbedingung nach Abbldg. 52:

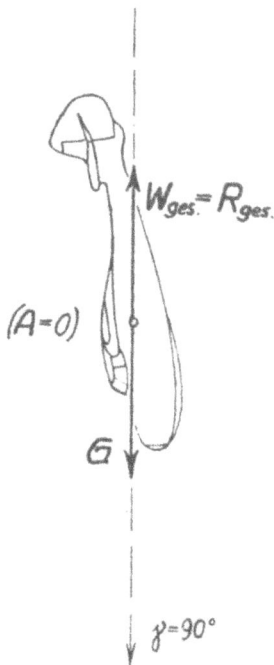

Abb 52. Kräftegleichgewicht im Sturzflug.

$$G = W_{ges} = c_{wges} \cdot \frac{\varrho}{2} \cdot F \cdot v^2 \qquad [\text{kg}]$$

und heißt Endgeschwindigkeit im Sturzflug

$$v_{end} = \sqrt{\frac{G}{F} \cdot \frac{2}{\varrho} \cdot \frac{1}{c_{wges}}} \qquad [\text{m/s}].$$

Mit wachsendem Anstellwinkel richtet sich das Flugzeug aus der Sturzfluglage auf, der Gleitwinkel wird immer flacher und erreicht schließlich ein Minimum. Beim üblichen Polar-

[1]) Die Gleitzahl beträgt beispielsweise bei den bekannten motorlosen Maschinen
Schulgleiter R R.G. »Zögling« 1 11,
Schleppdoppelsitzer »Grunau 8« 1 15,
Segelflugzeug Akaflieg Darmstadt »Windspiel« 1 23

diagramm des Flugzeuges ist die Gleitzahl für jeden Anstellwinkel gegeben durch gerade Linien vom Koordinatenanfang
nach den betr. Meßpunkten; sie schneiden auf der Waagerechten durch $c_a = 1,0$ im Maßstab von c_{wges} die Werte ε
ab. Im unverzerrten Diagramm, wo die Beiwerte im gleichen
Maßstab aufgetragen sind, ist der Gleitwinkel unmittelbar
zwischen c_a-Achse und dem nach einem Polarenpunkt gezo-

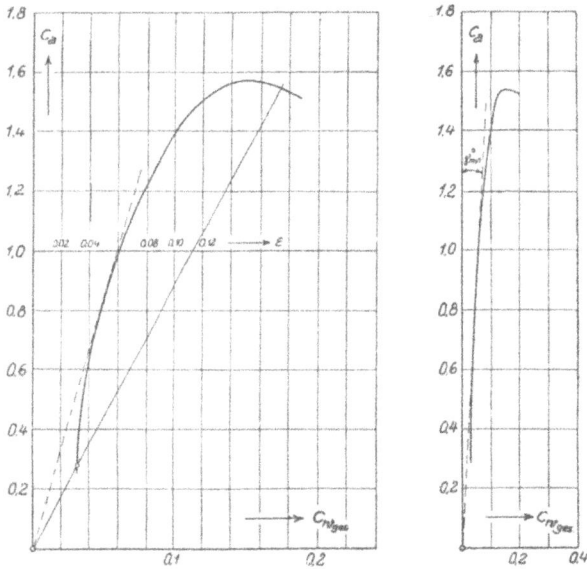

Abb. 53. Polardiagramm
a) in der üblichen Ausführung,
b) unverzerrt.

genen Strahl in Grad abzumessen. Der Kleinstwert der Gleitzahl wird in jedem Falle durch die Neigung der Tangente vom
Nullpunkt an die Kurve gegeben und der zugehörige Anstellwinkel durch ihren Berührungspunkt.

Bei weiter zunehmendem α, also stärkerem »Ziehen« des
Flugzeuges, verläuft die Gleitbahn wieder steiler, die Geschwindigkeit nimmt aber zunächst immer noch ab. Man erkennt in Abb. 53a, daß manche Fahrstrahlen zwei Schnittpunkte mit der Polaren ergeben, d. h. daß zu einem ganzen

Bereich von Gleitzahlen je zwei verschiedene Anstellwinkel gehören. Der größere, über dem Minimum des Gleitwinkels liegende der beiden α-Werte gehört zu einem Flugzustande, der von geübten Piloten in größerer Höhe ohne Gefahr aufrechterhalten werden kann, aber im allgemeinen nicht empfehlenswert ist. Infolge der geringen Fluggeschwindigkeit gehorcht die Maschine schlecht den Ruderausschlägen und kann bei plötzlich auftretenden Böen leicht in das Gebiet des überzogenen Fluges kommen. Außerdem entspricht das Fliegen in diesem Anstellwinkelbereich nicht dem natürlichen Gefühl des Piloten, denn er muß das Flugzeug »drücken«, d. h. den Anstellwinkel verringern, um in eine flacher geneigte Flugbahn zu kommen und umgekehrt; man nennt das: Fliegen mit »umgekehrter Steuerwirkung«. Der kleinste Gleitwinkel hat also in verschiedener Hinsicht Bedeutung und ist ein wichtiges Maß für die aerodynamische Güte eines Flugzeuges; den Verlauf der Gleitzahl zeichnet man zweckmäßig in das Polardiagramm der Maschine mit ein (vgl. Abb. 57).

Die Bahngeschwindigkeit im Gleitflug hat kein Minimum im normalen Anstellwinkelbereich; sie erreicht ihren kleinsten Wert, die sog. Landegeschwindigkeit in Bodennähe bei einem[1] $c_{r_{max}} \approx c_{a_{max}}$, d. h. an der Grenze der Flugmöglichkeit:

$$v_s \approx \sqrt{\frac{G}{F} \cdot \frac{2}{\varrho} \cdot \frac{1}{c_{a_{max}}}} \qquad [\text{m/s}].$$

Ganz allgemein wird bei sehr flachen Gleitwinkeln (vgl. Abb. 51), wie sie Segelflugzeuge stets haben, der Unterschied zwischen Luftkraftresultierender und Auftrieb immer geringer[2]), so daß man $c_r \approx c_a$ setzen kann. Dann ist die **Gleitgeschwindigkeit**

$$v \approx \sqrt{\frac{G}{F} \cdot \frac{2}{\varrho} \cdot \frac{1}{c_a}} \qquad [\text{m/s}]$$

und für den Flug in **Bodennähe** mit $\frac{2}{\varrho} \approx 16$ vereinfacht sich die Formel weiterhin zu

---

[1]) Um die Verwendung dreier Indizes zu vermeiden, wird hier und auch in der Folge das »ges« bei der Luftkraftresultierenden und ihrem Beiwert weggelassen.

[2]) Für Winkel $< 10^0$, also Gleitzahlen $< 1 : 5,7$ ist der $\cos \approx 1$!

$$v \approx 4 \cdot \sqrt{\frac{G}{F}} \cdot \frac{1}{\sqrt{c_a}} \qquad [\text{m/s}]$$

bzw

$$V \approx 14{,}4 \cdot \sqrt{\frac{G}{F}} \cdot \frac{1}{\sqrt{c_a}} \qquad [\text{km/h}].$$

b) Sinkgeschwindigkeit.

Einen längeren Horizontalflug kann ein freifliegendes motorloses[1]) Flugzeug bei vollkommener Windstille nicht ausführen. Zur Aufrechterhaltung des Schwebezustandes ist Energie erforderlich und diese kann nur durch Ausnutzung der Flughöhe und Umwandlung der Lagenenergie (potentielle E.) in Energie der Bewegung (kinetische E.), also durch einen Abwärtsflug aufgebracht werden. Nach einem längeren und steilen Gleitflug oder Sturzflug kann natürlich das Flugzeug abgefangen werden und mit Hilfe des »Schwunges« eine gewisse Strecke waagerecht weiterfliegen, ja sogar kurze Zeit ganz erheblich steigen. Diese Tatsache wird bei jeder Schwebe landung, beim »Überspringen« von plötzlich auftauchenden Hindernissen, beim Looping mit motorlosen Maschinen und bei ähnlichen Gelegenheiten praktisch ausgenutzt; es handelt sich aber dabei nie um einen gleichförmigen Flugzustand, wie er hier ausschließlich betrachtet werden soll.

Die bei jedem motorlosen Fliegen vorhandene senkrechte Komponente der Gleitgeschwindigkeit ergibt sich aus dem Geschwindigkeitsdreieck der Abb. 51 zu

$$w_s = v \cdot \sin \gamma,$$

aus dem Kräftedreieck folgt

$$\sin \gamma = \frac{c_{w\text{ges}}}{c_r},$$

also ist

$$w_s = \sqrt{\frac{G}{F} \cdot \frac{2}{\varrho} \cdot \frac{1}{c_r}} \cdot \frac{c_{w\text{ges}}}{c_r};$$

---

[1]) Zu diesen Maschinen soll, ohne daß es immer wieder ausdrücklich betont wird, auch jedes mit leerlaufendem Motor im Gleitflug befindliche Motorflugzeug gerechnet werden

man nennt sie Sinkgeschwindigkeit

$$w_s = \sqrt{\frac{G}{F} \cdot \frac{2}{\varrho} \cdot \frac{1}{c_r{}^3 / c_{wges}^2}} \qquad \text{[m/s]}.$$

Für flache Gleitwinkel kann $\sin \gamma \approx \operatorname{tg} \gamma = \dfrac{c_{wges}}{c_a}$ gesetzt werden; damit erhält man die für Segelflugzeuge hinreichend genaue Näherungsformel

$$w_s \approx \sqrt{\frac{G}{F} \cdot \frac{2}{\varrho} \cdot \frac{1}{c_a{}^3 / c_{wges}^2}} \qquad \text{[m/s]}$$

und beim Flug in geringer Höhe

$$w_s \approx 4 \cdot \sqrt{\frac{G}{F}} \cdot \frac{c_{wges}}{c_a^{1,5}} \qquad \text{[m/s]}.$$

Als ausschlaggebenden aerodynamischen Beiwert enthält die Sinkgeschwindigkeit den Ausdruck

$$\frac{c_r{}^3}{c_{wges}^2} \approx \frac{c_a{}^3}{c_{wges}^2},$$

den man mit »Steigzahl« bezeichnet, weil er bei der Steigfähigkeit von Motorflugzeugen (vgl. II. Hauptteil Abschn. 2d) eine entscheidende Rolle spielt. Die vertikale Geschwindigkeitskomponente[1]) im Gleitflug wird danach um so kleiner, je größer die Steigzahl ist und erreicht ihr Minimum bei $(c_a{}^3 / c_{wges}^2)_{max}$.

Der zugehörige Punkt der Polaren, welcher stets bei einem höheren c_a liegt als die kleinste Gleitzahl, läßt sich nach einem von Klemperer[2]) angegebenen Verfahren leicht ermitteln. Man

---

[1]) Eliminiert man aus der Formel für die Flügelstreckung $F = \dfrac{b^2}{\varLambda}$ und setzt diesen Wert in die Gleichung der Sinkgeschwindigkeit ein, so folgt

$$w_s \approx 4 \cdot \sqrt{\frac{G}{b^2}} \cdot \sqrt{\varLambda} \cdot \frac{c_{wges}}{c_a^{1,5}};$$

der Ausdruck G/b^2 wird »Segelflugzahl« genannt und bei Wettbewerben zur Züchtung hochwertiger motorloser Maschinen begrenzt; so werden beispielsweise nur Flugzeuge mit $G/b^2 < 1,3$ zugelassen

[2]) Klemperer, W, Ein einfaches Verfahren zur Auffindung von $(c_a{}^3/c_w{}^2)_{max}$. ZFM Bd. 13 (1922) S. 78—79.

hat nur durch Abwälzen eines Lineals längs der Polarkurve die Tangente zu suchen, welche (vgl. Abb. 54) auf der c_a-Achse $\frac{1}{3}$ der Ordinate ihres Berührungspunktes abschneidet oder auf der negativen c_w-Achse die Hälfte seiner positiven Abszisse, beide Strecken vom Koordinatenursprung aus gemessen. Verläuft die Polarkurve in dem betr. Bereich noch parallel zur Randwiderstandsparabel, d. h. ist $c_{w_p} = \text{konst.}$,

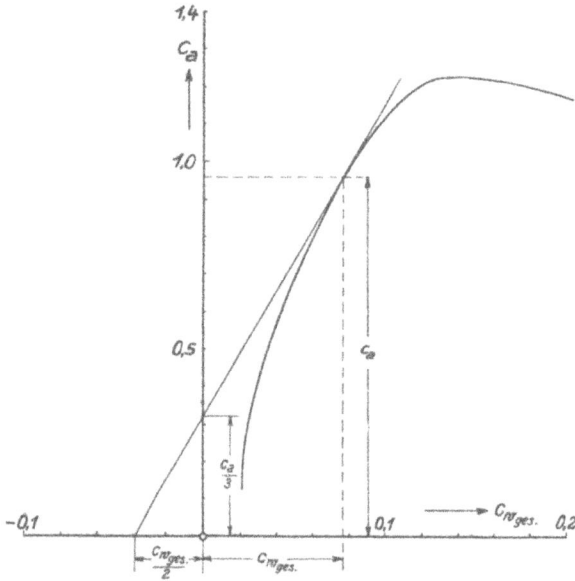

Abb. 54. Ermittlung des Größtwertes der Steigzahl.

so ergibt sich die weitere Vereinfachung, daß die Abszisse des gesuchten Punktes, also das zu

$$\left(\frac{c_a^3}{c_{w_{ges}}^2} \right)_{max} \text{ gehörige } c_{w_{ges}} = 4 \cdot (c_{w_p} + c_{w_s}) \text{ ist.}$$

Für eingehendere Untersuchungen trägt man die Steigzahl ebenso wie die Gleitzahl als Funktion von c_a bzw. α ins Polardiagramm ein. Diese graphischen Darstellungen haben neben der besseren Übersichtlichkeit noch immer den Vorteil vor Zahlentafeln, daß gewisse kleine Unstetigkeiten im Verlauf der Meßergebnisse ausgeglichen werden und evtl.

Rechenfehler durch »Herausspringen« aus den Kurven leicht
zu erkennen sind. Im übrigen gilt das im vorigen Abschnitt
über die Doppelwerte der Gleitzahl Gesagte auch für die Steigzahlen oberhalb ihres Größtwertes; sie liegen im Bereich der
umgekehrten Steuerwirkung, sind aber wegen der größeren
Anstellwinkel gefährlicher als die entsprechenden Gleitzahlen.

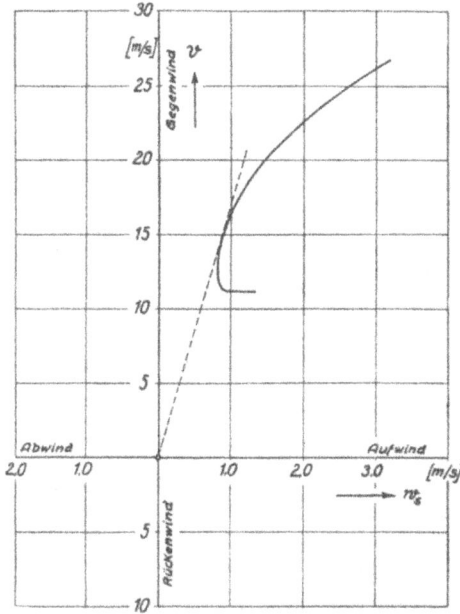

Abb. 55   Geschwindigkeitspolare eines Segelflugzeuges.

Auf den ersten Blick erscheint das Minimum der Sinkgeschwindigkeit als entscheidendes Maß für die Fähigkeit eines
Segelflugzeuges, in geeignetem Aufwind die Startstelle zu über-
höhen. Denn die relative Steiggeschwindigkeit einer solchen
Maschine ist ja gleich der algebraischen Summe aus der eigenen
Sinkgeschwindigkeit und der vertikalen Geschwindigkeitskomponente des Aufwindgebietes. Doch nur beim Fliegen in einer
thermischen reinen Vertikalbewegung der Luft kann kleinste
Sinkgeschwindigkeit allein maßgebend sein; vorausgesetzt,
daß die Wendigkeit des Flugzeuges zur Ausnutzung eines sol-

chen Aufwindschlauches überhaupt ausreicht. Beim Segeln
am Hang, an Gewitterfronten und überall da, wo neben der
vertikalen noch eine starke horizontale Windkomponente vorhanden ist, muß das Segelflugzeug zu deren Überwindung auch
eine große Eigengeschwindigkeit besitzen. Ferner wird es beim
Überqueren aufwindloser Gebiete in erster Linie auf einen möglichst flachen Gleitwinkel ankommen. Solche Gesichtspunkte
sind beim Entwurf eines Segelflugzeuges von großer Wichtigkeit
und werden später noch eingehender zu erörtern sein.

Man übersieht die Zusammenhänge gut in einem Diagramm,
welches w_s als Funktion der horizontalen Komponente der
Bahngeschwindigkeit, also praktisch der Gleitgeschwindigkeit
selbst enthält. Diese Darstellung hat in mancher Hinsicht
große Ähnlichkeit mit dem Polardiagramm der Luftkraftbeiwerte und wird auch als Geschwindigkeitspolare bezeichnet. Kleinstmögliche Bahn- und Sinkgeschwindigkeit sind ohne
weiteres aus der Abb. 55 zu entnehmen; der Berührungspunkt
der Tangente vom Koordinatenursprung an die Kurve ergibt
für vollkommene Windstille das w_s beim flachsten Gleitwinkel,
denn es ist ja $\text{tg}\,\gamma \approx \dfrac{w_s}{v}$. Verschiebt man den Fußpunkt der
Tangente beispielsweise nach rechts oder oben, dann erhält
man sinngemäß die günstigsten Gleitverhältnisse bei Aufwind
bzw. Gegenwind der betr. Stärke. Es sind also auch eine ganze
Reihe für den Piloten wichtige Zusammenhänge aus der Ge-
schwindigkeitspolaren zu ersehen. Für die Beurteilung der
Leistungsfähigkeit eines Segelflugzeuges ist offenbar maßgebend,
daß die Polarkurve — ganz ähnlich derjenigen der Flugzeug-
beiwerte — nahe der Ordinatenachse verläuft, also einen möglichst kleinen Minimalwert der Sinkgeschwindigkeit hat und
bei wachsender Gleitgeschwindigkeit nur allmählich nach rechts
abbiegt. Das entspricht der besonders für Streckenflüge geforderten Eigenschaft der Segelflugzeuge, daß sie bei hoher Reisegeschwindigkeit kleines w_s, also auch guten Gleitwinkel haben.

c) Berechnungsbeispiel.

Für das in Abb. 56 dargestellte Übungssegelflugzeug soll
die Leistungsberechnung durchgeführt werden. Der Entwurf
ist bereits soweit fertiggestellt, daß alle Hauptmaße festliegen:

Fluggewicht G . . . . . . $= 157$ kg,
Tragfläche F . . . . . . $= 13{,}1$ m², also
Flächenbelastung G/F . . $= 12{,}0$ kg/m²,
Spannweite b . . . . . . $= 12{,}0$ m.

Auch das Profil für den einholmig zu bauenden, ungeschränkten Tragflügel ist nach aerodynamischen und statischen Gesichtspunkten bereits gewählt; es soll Göttingen Nr. 535 verwendet

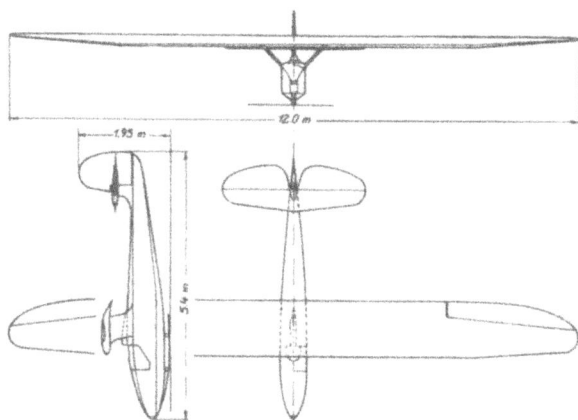

Abb 56 · Übersichtszeichnung des zu berechnenden Segelflugzeuges.

und über die ganze Spannweite unverändert, also nur proportional verjüngt, durchgeführt werden.

In der Berechnung geht man von den Werten α_1^0, c_{a_1} und c_{w_1} der Modellmessung ($\Lambda_1 = 5$) aus und rechnet sie auf das Seitenverhältnis

$$\frac{1}{\Lambda_2} = \frac{F_2}{b_2^2} = \frac{13{,}1}{144} = \frac{1}{11}$$

des Tragflügelentwurfes um. Die Auftriebsverteilung über die Spannweite wird infolge der gut gerundeten Außenflügel nicht viel von der elliptischen abweichen, so daß die Genauigkeit der unveränderten Betzschen Umrechnungsformeln hinreichend ist.

Um die Polare des ganzen Flugzeuges zu erhalten, ist zu jedem c_{w_2} der für alle Anstellwinkel konstant angenommene Beiwert $c_{w_{s_2}}$ des schädlichen Widerstandes aller nichttragenden Flugzeugteile, bezogen auf F, zu addieren. Zu seiner Berechnung soll im vorliegenden Fall die Faustformel

$$c_{w_{n_2}} \approx 0,25 \cdot \frac{\Sigma f}{F}$$

verwendet werden; sie ergibt sich aus der genauen Formel des Abschnitts 4e im I. Hauptteil durch die Annahme eines Mittelwertes von $c_{w_{n_1}} = 0,25$ für alle Flugzeugnebenteile. Die An-

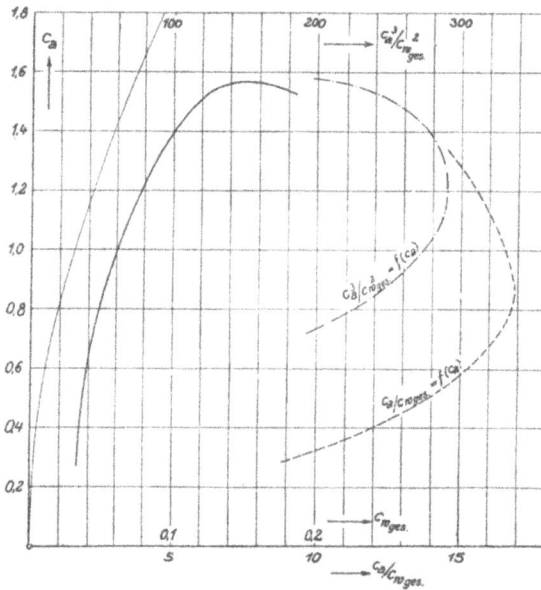

Abb. 57. Polare, Gleitzahl und Steigzahl des berechneten Segelflugzeuges.

sichtsfläche aller Teile mit Ausnahme des Tragflügels folgt aus dem Entwurf:

Rumpf . . . . 0,356 m²
Kufe . . . . 0,015 »
Kopf des Führers mit Luftabfluß . . 0,013 »
Streben . . . . 0,072 »
Höhenleitwerk . . . . 0,240 »
Seitenleitwerk . . . . 0,098 »
Seiten- und Querruderhebel. . . . 0,004 »
$\Sigma f = 0,798$ m²;

also ist

$$c_{w_2} \approx \frac{0,25 \cdot 0,798}{13,1} = 0,0152.$$

Die Berechnung von Flugzeugpolare und Flugleistungen erfolgt in Zahlentafelform; die verwendeten Formeln sind vorangestellt. Nomogramme sind im vorliegenden Beispiel nicht benutzt, um die übliche Berechnungsweise zu zeigen. Die Polaren des Profils mit $\Lambda = 5$ und des Tragflügels mit $\Lambda = 11$ sind in Abb. 24 aufgetragen; Abb. 57 enthält die Polare des ganzen Flugzeuges, sowie den Verlauf von Steigzahl und reziproker Gleitzahl, Abb. 55 die sog. Geschwindigkeitspolare des Segelflugzeuges.

Zahlentafel VI.

Berechnung der Polare des Flugzeuges.

$$c_{w_2} = c_{w_1} - \Delta c_w \qquad\qquad c_{w_{s_2}} = 0,0152$$

$$\Delta c_w = c_a^2 \cdot \frac{1}{\pi} \cdot \left(\frac{F_1}{b_1^2} - \frac{F_2}{b_2^2}\right) = c_a^2 \cdot \frac{1}{\pi} \cdot \left(\frac{1}{5} - \frac{1}{11}\right) = 0,03475 \cdot c_a^2$$

$$\alpha_2^0 = \alpha_1^0 - \Delta\alpha^0$$

$$\Delta\alpha^0 = c_a \cdot \frac{1}{\pi} \cdot \left(\frac{F_1}{b_1^2} - \frac{F_2}{b_2^2}\right) \cdot 57,3^0 = 0,03475 \cdot 57,3 \cdot c_a = 1,99 \cdot c_a$$

Messungsergebnisse			$\Delta\alpha^0$		Δc_w	α^0	c_{w_2}	$c_{w_{ges}}$
α_1^0	$c_{a_1}=c_{a_2}$	c_{w_1}	$1,99\ c_a$	c_a^2	$0,03475\ c_a^2$	$\alpha_1^0 - \Delta\alpha^0$	$c_{w_1} \pm \Delta c_w$	$c_{w_2} + c_{w_{s_2}}$
−4,6	0,286	0,0197	0,569	0,0818	0,0028	−5,2	0,0169	0,0321
−3,1	0,388	0,0234	0,772	0,1505	0,0052	−3,9	0,0182	0,0334
−1,7	0,500	0,0293	0,995	0,2500	0,0087	−2,7	0,0206	0,0358
−0,2	0,605	0,0370	1,205	0,3660	0,0127	−1,4	0,0243	0,0395
+1,2	0,715	0,0465	1,422	0,5112	0,0178	−0,2	0,0287	0,0439
2,7	0,820	0,0569	1,632	0,6724	0,0234	+1,1	0,0335	0,0487
4,2	0,925	0,0697	1,840	0,8556	0,0298	2,4	0,0399	0,0551
5,6	1,025	0,0837	2,040	1,0500	0,0365	3,6	0,0472	0,0624
8,6	1,211	0,1140	2,410	1,4680	0,0510	6,2	0,0630	0,0782
11,5	1,390	0,1510	2,766	1,9320	0,0672	8,7	0,0838	0,0990
14,4	1,530	0,1910	3,045	2,3400	0,0814	11,4	0,1096	0,1248
17,4	1,535	0,2460	3,055	2,3580	0,0818	14,3	0,1642	0,1794

Zahlentafel VII.

Berechnung der Flugleistungen.

Gleitzahl $\operatorname{tg}\gamma = \dfrac{c_{w_{\text{ges}}}}{c_a} = \varepsilon$ $\qquad 4 \cdot \sqrt{\dfrac{G}{F}} = 4 \cdot \sqrt{12} = 13{,}856$

Gleitgeschwindigkeit

$$v \approx \sqrt{\frac{G}{F} \cdot \frac{2}{\varrho} \cdot \frac{1}{c_a}} \qquad = 4 \cdot \sqrt{\frac{G}{F}} \cdot \frac{1}{\sqrt{c_a}} = \frac{13{,}856}{\sqrt{c_a}}$$

Sinkgeschwindigkeit

$$w_s \approx \sqrt{\frac{G}{F} \cdot \frac{2}{\varrho} \cdot \frac{1}{c_a{}^3/c_w{}^2{}_{\text{ges}}}} = 4 \cdot \sqrt{\frac{G}{F}} \cdot \frac{1}{\sqrt{c_a{}^3/c_w{}^2{}_{\text{ges}}}} = \frac{13{,}856}{c_a{}^{1,5}/c_{w\,\text{ges}}}$$

Polare des Flugzeuges			ε		v [m/s]		$c_a{}^{1,5}$		w_s [m/s]
a^0	c_a	$c_{w_{\text{ges}}}$	$\dfrac{c_{w_{\text{ges}}}}{c_a}$	$\sqrt{c_a}$	$\dfrac{13{,}856}{\sqrt{c_a}}$	$c_a\sqrt{c_a}$	$\dfrac{c_a{}^{1,5}}{c_{w_{\text{ges}}}}$	$\dfrac{13{,}586}{c_a{}^{1,5}/c_{w_{\text{ges}}}}$
− 5,2	0,286	0,0321	1 : 8,9	0,535	25,9	0,153	4,77	2,90
− 3,9	0,388	0,0334	1 : 11,6	0,623	22,2	0,242	7,25	1,91
− 2,7	0,500	0,0358	1 : 14,0	0,707	19,6	0,354	9,88	1,40
− 1,4	0,605	0,0395	1 : 15,3	0,778	17,8	0,471	11,92	1,16
− 0,2	0,715	0,0439	1 : 16,3	0,846	16,4	0,606	13,82	1,00
+ 1,1	0,820	0,0487	1 : 16,85	0,906	15,3	0,743	15,27	0,91
2,4	0,925	0,0551	1 : 16,8	0,962	14,4	0,888	16,11	0,86
3,6	1,025	0,0624	1 : 16,4	1,015	13,6	1,040	16,70	0,83
6,2	1,211	0,0782	1 : 15,5	1,100	12,6	1,334	17,05	0,813
8,7	1,390	0,0990	1 : 14	1,180	11,7	1,641	16,60	0,84
11,4	1,530	0,1248	1 : 12,2	1,238	11,2	1,894	15,15	0,91
14,3	1,535	0,1794	1 : 8,5	1,240	11,1	1,905	10,60	1,31

Abschnitt 2. Motorflug.

a) Motorleistung und Flughöhe.

Zur Berechnung einer Motormaschine ist außer der Flug-
zeugpolaren eine genaue Kenntnis des zur Verfügung stehenden Flugmotors, d. h. seiner Leistung und Drehzahl bei verschiedenen Belastungen, Drosselstellungen des Vergasers und
Flughöhen erforderlich. Bereits beim Entwurf müssen diese
Zusammenhänge von den in Frage kommenden Motoren bekannt sein, damit für das geplante Flugzeug einer oder mehrere besonders geeignete ausgewählt werden können. Das von
den Lieferfirmen zur Verfügung gestellte Zahlenmaterial ist
in erster Linie auf dem Prüfstand durch Abbremsen der Mo-

toren gewonnen, in Einzelfällen auch durch Flugversuche ergänzt und bestätigt. Es besteht im wesentlichen aus Kurvenblättern, welche die Motorleistung N [PS] — evtl. auch den Betriebsstoffverbrauch b_k [kg/PSh] — in Abhängigkeit von der Drehzahl n [min^{-1}] enthalten.

Läßt man einen Flugmotor mit vollständig geöffneter Gasdrossel bei verschiedener Belastung (auf dem Prüfstand

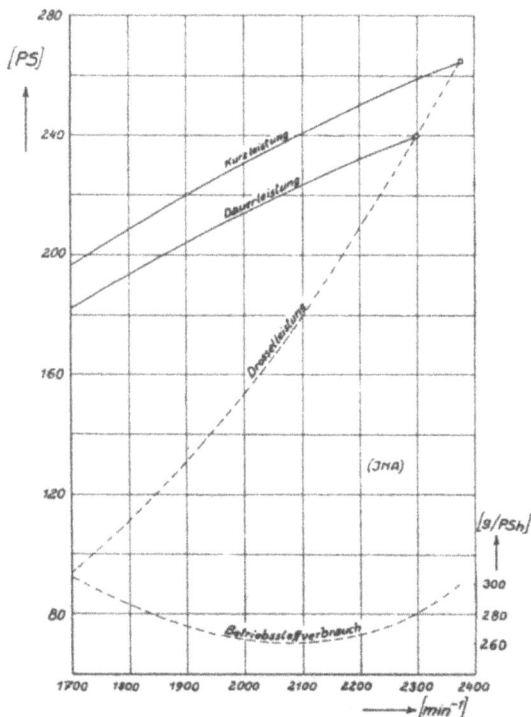

Abb. 58. Leistungs- und Betriebsstoffverbrauchs-Kurven eines luftgekühlten Sternmotors (9-Zyl.-Walter-Bora-C).

gegebenenfalls mit verschiedenen Propellern) laufen, so wächst seine Leistung zunächst über einen weiten Bereich linear mit der Drehzahl an, läßt vor ihrem Höchstwert, der sog. Spitzenleistung, etwas nach[1]) und fällt dann wieder ab. Die höchst-

---

[1]) Das beruht auf der drosselnden Wirkung der Ventile und Kanäle bei großen Gasgeschwindigkeiten.

zulässige Drehzahl wird aus Gründen der Betriebssicherheit meist vor dem Scheitelpunkt der Volleistungskurve angegeben, so daß die zu normalen Umlaufzahlen gehörigen Leistungen stets im ansteigenden Teil liegen und nur ein entsprechend kurzes Stück der Bremslinie aufgenommen werden muß.

Wird bei einer bestimmten Belastung der Gaszutritt allmählich gedrosselt, so fällt die Motorleistung ab und man erhält die in Abb. 58 gestrichelt eingezeichnete **Drosselleistungskurve**.

Ändert man nun bei einer beliebigen festen Drosselstellung wieder die Belastung, so erhält man eine neue Leistungskurve.

Im allgemeinen wird mit **Volleistung** nur kurze Zeit während des Starts, und zwar etwa 3 bis 5 min geflogen. Nachdem eine gewisse Höhe erstiegen ist, drosselt man den Motor auf seine normale **Dauerleistung**, die er unter nahezu unveränderten Betriebsverhältnissen dann viele Stunden lang durchhalten kann. Von manchen Firmen wird noch eine dritte Drosselstellung angegeben, die meist ½ bis 1 h aufrechterhalten werden darf und während dieser Dauer für besondere Flugzustände eine erhöhte Beanspruchung des Motors zuläßt.

Der **Betriebsstoffverbrauch** je PS und h ändert sich verhältnismäßig wenig mit der Belastung, stark dagegen bei den verschiedenen Stellungen des Gashebels; es wird daher oft nur die der Drosselleistung entsprechende Verbrauchskurve angegeben.

Alle bisher betrachteten Zusammenhänge zeigten das Verhalten eines Flugmotors in **Bodennähe**, bezogen auf die Deutsche oder Internationale Normalatmosphäre. Für technische Berechnungen von Flugzeugen ist man also von den durch die Wetterlage bedingten zeitlichen Schwankungen der Bodenleistung unabhängig; hingegen muß die Leistungsabnahme mit der Höhe für jeden zu verwendenden Motor möglichst genau festgestellt werden.

Manche Flugmotorenwerke sind in der Lage, durch besondere Prüfstände[1]) oder Versuchsflüge das Verhalten ihrer

---

[1]) Bei den Fiat-Werken ist z. B. ein solcher Unterdruck-Tieftemperatur-Windkanal seit 1933 im Betrieb.

Motoren in verschiedenen Flughöhen festzustellen und dem Konstrukteur entsprechende Leistungskurven an die Hand zu geben (vgl. Abb. 59). Unbedingt erforderlich sind solche empirischen Werte dann, wenn der betr. Motor Sondereinrichtungen zur Leistungssteigerung in größeren Höhen besitzt

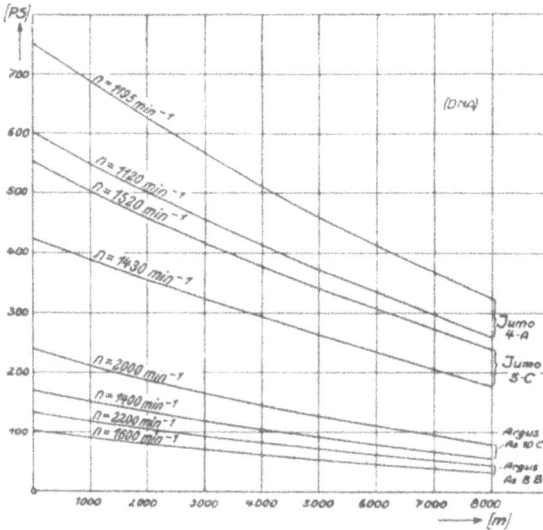

Abb 59. Höhenleistungskurven normaler Flugmotoren bei verschiedenen Drehzahlen.

Für normale Flugmotoren ohne derartige Vorrichtungen läßt sich ein den wirklichen Verhältnissen gut angepaßtes Gesetz für den Zusammenhang zwischen Flughöhe und effektiver Leistung durch folgende Überlegungen finden:

Die indizierte Leistung N_i eines Motors ist proportional der Luftdichte

$$N_{i_z} : N_{i_0} = \gamma_z : \gamma_0.$$

Die durch mechanische Verluste im Triebwerk verlorengehende Differenz zwischen indizierter und effektiver (an der Bremse oder an die Luftschraube abgegebener) Leistung $N - N_e$ ist praktisch unabhängig von der Höhe:

$$N_{i_z} - N_{e_z} = N_{i_0} - N_{e_0}$$
$$N_{e_z} = N_{i_z} - N_{i_0} + N_{e_0}.$$

Setzt man hierin aus der obenstehenden Proportion

$$N_{i_z} = N_{i_0} \cdot \frac{\gamma_z}{\gamma_0}$$

und nach Einführung des mechanischen Wirkungsgrades

$$\eta_m = \frac{N_{e_0}}{N_{i_0}}$$

$$N_{i_0} = \frac{N_{e_0}}{\eta_m},$$

so folgt:

$$N_{e_z} = \frac{N_{e_0}}{\eta_m} \cdot \left(\frac{\gamma_z}{\gamma_0} - 1 \right) + N_{e_0}$$

$$N_{e_z} = \frac{N_{e_0}}{\eta_m} \cdot \left[\frac{\gamma_z}{\gamma_0} - (1 - \eta_m) \right] \qquad [PS].$$

Zahlentafel VIII.
Deutsche Normal-Atmosphäre.
(DNA.)

z	γ_z	γ_z/γ_0	$\sqrt{\gamma_z/\gamma_0}$	$\varrho_z\,[\mathrm{kg\,m^{-4}\,s^2}]$	$\sqrt[5]{\varrho_z}$	ν_z	$\nu_z\sqrt[8]{\varrho_z}$
[m]	[kg, m³]			$\gamma_z/9{,}81$		$\dfrac{1}{0{,}85} \cdot \left(\dfrac{\gamma_z}{\gamma_0} - 0{,}15 \right)$	
0	1,250	1,000	1,000	0,1275	0,6624	1,000	1,010
500	1,188	0,950	0,975	0,1212	0,6557	0,942	0,928
1000	1,127	0,902	0,950	0,1150	0,6488	0,885	0,849
1500	1,069	0,855	0,925	0,1090	0,6419	0,830	0,776
2000	1,013	0,810	0,900	0,1030	0,6351	0,776	0,705
2500	0,960	0,768	0,877	0,0979	0,6283	0,727	0,643
3000	0,910	0,728	0,853	0,0928	0,6216	0,680	0,586
3500	0,862	0,690	0,831	0,0879	0,6149	0,635	0,533
4000	0,815	0,652	0,808	0,0831	0,6080	0,591	0,482
4500	0,770	0,616	0,785	0,0785	0,6011	0,548	0,434
5000	0,729	0,583	0,764	0,0743	0,5946	0,509	0,392
5500	0,689	0,550	0,742	0,0702	0,5879	0,470	0,352
6000	0,651	0,521	0,722	0,0663	0,5812	0,436	0,318
6500	0,614	0,491	0,701	0,0626	0,5745	0,401	0,284
7000	0,579	0,463	0,681	0,0590	0,5678	0,368	0,253
7500	0,546	0,437	0,661	0,0557	0,5613	0,337	0,225
8000	0,515	0,412	0,642	0,0525	0,5547	0,308	0,200
8500	0,483	0,386	0,621	0,0493	0,5477	0,277	0,174
9000	0,454	0,364	0,603	0,0463	0,5410	0,252	0,153
9500	0,427	0,342	0,585	0,0436	0,5295	0,226	0,134
10000	0,405	0,324	0,569	0,0414	0,5289	0,205	0,118

Den mechanischen Wirkungsgrad kann man für normale
Motoren mit $\eta_{lm} = 0,85$ einsetzen (d. h. also 15% Leerlauf-
leistung von N_i!) und für beide Normalatmosphären und jede
beliebige Flughöhe den Ausdruck

$$\nu = \frac{1}{0,85} \cdot \left(\frac{\gamma_z}{\gamma_0} - 0,15 \right)$$

ein für allemal berechnen, so daß die Leistung[1]) eines Motors
in der Höhe z sich aus seiner Bodenleistung ergibt durch die
einfache Multiplikation

$$N_z = \nu \cdot N_0 .$$

Wie schon mehrfach betont wurde, gilt diese Berechnungsweise nur für normale, also keine Höhenmotoren.

Zahlentafel IX.
Internationale Normal-Atmosphäre.
(INA.)

z	γ_z	γ_z/γ_0	$\sqrt{\gamma_z/\gamma_0}$	ϱ_z [kg m^{-4} s^2]	$\sqrt[3]{\varrho_z}$	ν_z	$\nu_z \sqrt{8\,\varrho_z}$
[m]	[kg/m^3]			$\gamma_z/9,81$		$\frac{1}{0,85}\left(\frac{\gamma_z}{\gamma_0}-0,15\right)$	
0	1,225	1,000	1,000	0,1249	0,6596	1,000	1,000
500	1,168	0,954	0,977	0,1191	0,6534	0,946	0,924
1 000	1,112	0,908	0,953	0,1134	0,6470	0,892	0,850
1 500	1,059	0,865	0,930	0,1080	0,6407	0,842	0,782
2 000	1,007	0,822	0,907	0,1027	0,6343	0,791	0,717
2 500	0,958	0,782	0,884	0,0977	0,6280	0,744	0,658
3 000	0,910	0,743	0,862	0,0928	0,6216	0,698	0,602
3 500	0,864	0,705	0,840	0,0881	0,6152	0,653	0,548
4 000	0,820	0,669	0,818	0,0836	0,6088	0,611	0,500
4 500	0,777	0,634	0,796	0,0792	0,6022	0,570	0,454
5 000	0,737	0,602	0,776	0,0751	0,5958	0,532	0,413
5 500	0,698	0,570	0,755	0,0712	0,5895	0,494	0,373
6 000	0,660	0,539	0,734	0,0673	0,5829	0,458	0,336
6 500	0,624	0,509	0,713	0,0636	0,5764	0,423	0,302
7 000	0,590	0,482	0,694	0,0601	0,5699	0,391	0,271
7 500	0,557	0,455	0,675	0,0568	0,5635	0,359	0,242
8 000	0,526	0,429	0,655	0,0536	0,5570	0,328	0,215
8 500	0,495	0,404	0,636	0,0505	0,5504	0,299	0,190
9 000	0,467	0,381	0,617	0,0476	0,5439	0,272	0,168
9 500	0,439	0,358	0,598	0,0448	0,5373	0,245	0,147
10 000	0,413	0,337	0,581	0,0421	0,5307	0,220	0,128

[1]) In der Folge wird ausschließlich die Effektivleistung der Motoren verwendet und deshalb auf den Index e verzichtet.

Das Nachlassen der Motorleistung bei Steigflügen beruht ueben einem Kälteeinfluß auf Verbrennung und Kraftübertragungsorgane in der Hauptsache auf dem Sauerstoffmangel in größerer Höhe. Man verringert den Nachteil einerseits durch Vergrößern der Zylinder oder Überverdichten des Gemisches, muß dann allerdings den Motor bis zu einer gewissen Höhe gedrosselt fliegen, damit er nicht überanstrengt wird (vgl. Abb. 60). Andererseits wird durch den Einbau eines (manch-

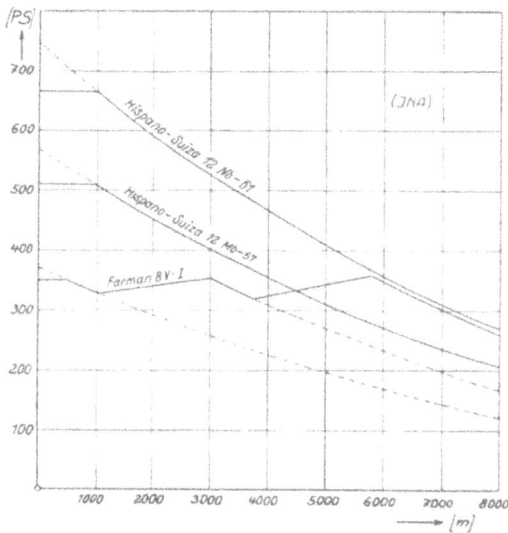

Abb 60   Leistungsschaulinien von drei Höhenmotoren

mal stufenweise) abschaltbaren Zusatzgebläses die Verbrennungsluft vorverdichtet, so daß der Motor genügend Sauerstoff erhält und die Leistung bis in große Höhen nahezu konstant bleibt.

Für jeden Höhenmotor, bei dem eines oder auch mehrere der vorstehenden Mittel zur Verminderung der Leistungsabnahme im Steigflug Verwendung findet, ist die Leistungskurve in Abhängigkeit von der Höhe nicht rechnerisch nach der oben abgeleiteten Formel bestimmbar, sondern muß auf empirischem Wege ermittelt und gegeben sein. Das gleiche gilt für die Höhenleistung aller nach dem Dieselprinzip arbei-

tenden Schwerölmotoren, beispielsweise auch der beiden deutschen Junkers-Motoren, Jumo-4 und Jumo-5, bei welchen die
Effektivleistung nur nahezu proportional der Luftdichte, also
in sehr günstiger Weise abnimmt.

b) Luftschraubenauswahl.

Die von einem Flugmotor abgegebene Drehleistung wird
mit Hilfe der Luftschraube in eine Schubleistung[1]) umgewandelt, die ihrerseits, den Widerstand des Flugzeuges überwin-
dend, eine gewisse Geschwindigkeit erzeugt. Aus der als bekannt vorauszusetzenden Wirkungsweise eines Propellers ergibt sich die Tatsache, daß die von ihm erfaßte und nach
rückwärts geschleuderte Luftsäule, der sog. Schraubenstrahl, auf Teile des Flugzeuges trifft und den aus der Polare
bekannten Gesamtwiderstand W_{ges} der Maschine um einen
Betrag ΔW erhöht. Bezeichnet man die in der Propellerwelle
wirkende Zug- oder Druckkraft einer am Flugzeug laufenden
Schraube, den »Meßnabenschub« mit S_m, so ist der effektive
Schraubenschub nur $S = S_m - \Delta W$ [kg]. Der Wirkungsgrad
einer Luftschraube, welcher hier wie bei jeder Antriebsart des
Maschinenbaues als das Verhältnis der Nutzleistung zur auf-
gewandten Leistung definiert werden soll, ergibt sich also zu

$$\eta = \frac{\text{effektiver Schraubenschub} \times \text{Vorwärtsgeschwindigkeit}}{\text{eingeführte Motorleistung}}$$

$$\eta = \frac{S \cdot v}{75 \cdot N} \,.$$

Dieser Vortriebswirkungsgrad enthält die durch den
Schraubenstrahl hervorgerufene Widerstandszunahme aller
Flugzeugteile und außerdem den Einfluß des Rumpfes auf den
Schub bzw. die Leistung der Luftschraube. Die gegenseitige
Beeinflussung hängt natürlich stark von den Verhältnissen ab,
unter denen der Propeller am Flugzeug arbeitet, ob als Zug-
oder Druckschraube, vor langem Rumpf oder kurzer Motoren-
gondel, luft- oder wassergekühltem Motor.

---

[1]) Man spricht von einem Schub auch dann, wenn der Propeller als Zugschraube arbeitet

Jede nach einer der beiden[1]) grundlegenden Theorien aufgebaute Berechnungsmethode kann aber die verschiedenartigen Rumpfeinflüsse nur in sehr grober Annäherung, beispielsweise nur in Form einer prozentualen Abdeckung der Propellerkreisfläche berücksichtigen. Hieraus erklärt sich, daß eine rein theoretische Behandlung der Luftschraubendimensionierung nur sehr unsichere Resultate liefern kann; man ist also, ebenso wie bei den Tragflügeln und Flugzeugnebenteilen, auf die jetzt zahlreich vorliegenden Ergebnisse der Versuchsanstalten angewiesen. Es soll hier auf amerikanische Versuchsreihen zurückgegriffen werden, die im großen NACA-Windkanal an Flugzeugen mit laufenden Motoren und verschiedenen Einheits-

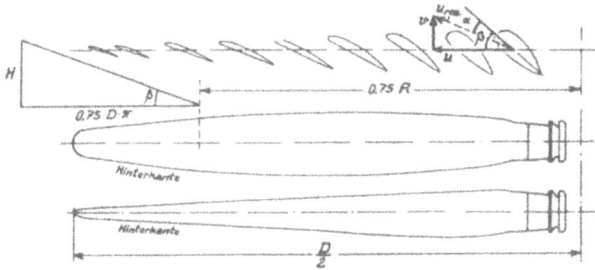

Abb 61   Einheitsform der Schmalblatt-Leichtmetall-Luftschraube.

formen von Schmal- bzw. Breitblattpropellern aus Holz und Metall durchgeführt wurden. Im Hinblick auf die sich immer mehr durchsetzenden Verstellpropeller werden im folgenden die an einer Schmalblatt-Leichtmetallschraube gewonnenen Ergebnisse verwendet. Die bei festen sowie im Stand oder Fluge verstellbaren Schrauben anwendbare Standartform des Propellerblattes ist aus Abb. 61 zu ersehen.

Die Versuchsresultate[2]) sind für jede Flugzeugluftschraubenkombination in einem besonderen Rechenblatt dargestellt und zwar als Beziehungen zwischen dimensionslosen Koeffi-

---

[1]) Die eine Theorie fußt auf der vom Propeller einer Luftsäule erteilten Geschwindigkeitserhöhung und heißt daher Strahltheorie; die andere behandelt jedes Propellerblatt für sich als Tragflügel, die ganze Luftschraube also als Mehrdecker mit schraubenförmiger Flugbahn der einzelnen Profile.

[2]) Weick, F. E., NACA-Report 350 (1929).

zienten. Das in Abb. 62 dargestellte Diagramm ist durch Versuche an einem Rumpf von 1,08 m² Querschnitt mit offenem Führersitz und wassergekühltem, gut verschaltem 400-PS-Curtiss-D-12-Motor gewonnen. Es enthält in zwei Kurvenscharen für verschiedene Blattwinkeleinstellungen (in ¾ des

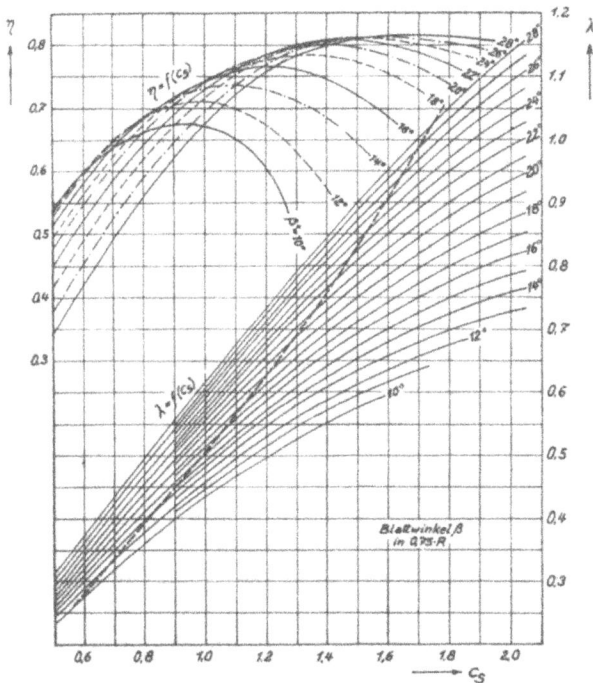

Abb. 62. Wirkungs- und Fortschrittsgradkurven für verschiedene
Blattwinkel-Einstellungen.

Schraubenhalbmessers) den Vortriebswirkungsgrad η und den
Fortschrittsgrad

$$\lambda = \frac{v \cdot 60}{D \cdot n}$$

in Abhängigkeit von dem sog. Geschwindigkeitskoeffizienten

$$c_s = v \cdot \sqrt[5]{\frac{\varrho}{75 \cdot N} \cdot \left(\frac{60}{n}\right)^2} .$$

Die Ermittlung der geeigneten Luftschraube für ein Flugzeug mit ähnlicher Rumpfausführung beginnt in jedem Falle mit der Berechnung des Beiwertes c_s für die gegebene Motorleistung N [PS] und Tourenzahl n [min^{-1}] sowie die gewünschte Geschwindigkeit v [m/s] in einer bestimmten Flughöhe mit der Luftdichte ϱ [kg m^{-4} s^2]. Ist der Propellerdurchmesser D [m] durch irgendwelche konstruktive Gesichtspunkte gegeben, so liegt dann auch der Fortschrittsgrad fest und man erhält aus dem Schnittpunkt der Linien für beispielsweise $c_s = 1,5$ und $\lambda = 0,75$ die zugehörige Steigung[1]) der Luftschraube, dargestellt durch die Kurve $\beta = 19^0$ des Einstellwinkels vom Blattprofil in $0,75 \cdot D/2$ gegenüber der Schraubenkreisebene. Verfolgt man die Senkrechte durch $c_s = 1,5$ bis zum Schnitt mit der Wirkungsgradkurve des gleichen Blattwinkels im oberen Teil des Diagrammes, also hier etwa bis in die Mitte zwischen die Kurven für 18^0 und 20^0, so ergibt sich der Wirkungsgrad $\eta = 0,78$.

Wäre der Propellerdurchmesser beim vorliegenden Beispiel nicht gegeben, so könnte man einen besseren Wirkungsgrad für das betr. c_v erzielen, wenn man der Luftschraube einen größeren Fortschrittsgrad zugrunde legte, beispielsweise $\lambda = 0,8$. Der zugehörige Blattwinkel wäre $21,5^0$ und der Wirkungsgrad $\approx 80\%$. Es ist also nicht zutreffend, daß eine Vergrößerung des Luftschraubendurchmessers in jedem Falle eine Verbesserung des Wirkungsgrades zur Folge haben muß.

Der Steigungswinkel des größtmöglichen η wird durch den Schnittpunkt der c_s-Linie mit der gestrichelt eingezeichneten Kurve angegeben. Beim vorliegenden Beispiel wäre also durch weiteres Verkleinern des Durchmessers und damit Vergrößern des Fortschrittsgrades über $0,83$ hinaus keine Verbesserung mehr zu erzielen.

Ist in einem anderen Falle der Durchmesser nicht beschränkt und die Luftschraube so zu dimensionieren, daß sie

---

[1]) Unter der Steigung H[m] eines Propellers versteht man die Ganghöhe seiner Schraubenfläche; sie ist mit dem Einstellwinkel β des Blattquerschnittes in $^3/_4$ des Halbmessers verknüpft durch die Beziehung

$$\text{tg } \beta = \frac{4 \cdot H}{3 \cdot \pi \cdot D}.$$

bei der vorgeschriebenen Höchstgeschwindigkeit des Flugzeuges
den besten Wirkungsgrad hat, so sucht man für den errechneten Geschwindigkeitskoeffizienten, beispielsweise 1,1, diejenige η-Kurve, welche bei diesem c_s-Wert ihren Gipfelpunkt
hat. Sie gehört zu 14⁰ Steigungswinkel und ergibt 73,7% Wirkungsgrad. Aus der unteren Kurvenschar folgt für den gleichen
Blattwinkel der Fortschrittsgrad 0,525, aus welchem dann
der Durchmesser berechnet werden kann.

Bei der Benutzung der Rechentafel ist noch zu beachten,
daß sie auf Grund von Messungen an einem Flugzeugrumpf mit
Fahrgestell, aber ohne Tragflügel und Leitwerk aufgestellt
wurde. Während der Einfluß des Leitwerks auf die Propeller-
charakteristik so klein ist, daß er vernachlässigt werden kann,
vermindert die Anbringung von Ein- oder Doppeldeckerflügeln den Vortriebswirkungsgrad um 1 bis 3%.

Weitere Versuchsreihen haben gezeigt, daß die Blatt-
winkeleinstellung der Luftschrauben sich bei größeren Motor-
leistungen im Sinne einer wachsenden Steigung verändert.
Diese Deformation der Schraubenblätter ist mit hinreichender Genauigkeit dadurch zu berücksichtigen, daß der Einstellwinkel am Stand für jede 100 PS über die Leistung des Ver
suchsmotors (400 PS) hinaus um 0,5⁰ zu verkleinern ist.

Es ist ferner zu berücksichtigen, daß bei Luftschrauben,
deren Spitzen im Bereich der Schallgeschwindigkeit laufen, nicht nur ein unangenehmer Lärm erzeugt, sondern auch
der Wirkungsgrad u. U. erheblich verschlechtert wird. Man
muß infolgedessen bereits beim Entwurf einer Luftschraube
ihre wirkliche Blattspitzengeschwindigkeit feststellen,
welche als Resultierende aus der Vorwärtsgeschwindigkeit v
des Flugzeuges und der Propellerumfangsgeschwindigkeit
$u = \dfrac{D \cdot \pi \cdot n}{60}$ zu errechnen ist:

$$u_{res}^2 = v^2 + \left(\frac{D \cdot \pi \cdot n}{60}\right)^2 = \left(\frac{n}{60}\right)^2 \cdot D^2 \cdot \left(\frac{v^2 \cdot 60^2}{D^2 \cdot n^2} + \pi^2\right)$$

$$u_{res} = \frac{n}{60} \cdot D \cdot \sqrt{\lambda^2 + \pi^2} \qquad\qquad \text{[m/s].}$$

Sie wird normalerweise ≤ 290 m/s gehalten, verschlechtert aber bei normalen Metallschrauben den Wirkungsgrad
erst, wenn sie 300 m/s übersteigt. Nach amerikanischen Mes-

sungen beträgt die Abminderung $\approx 10\%$ für jedes weitere Anwachsen der Blattspitzengeschwindigkeit um 30 m/s.

Es ist dies einer der Fälle in der heutigen Flugtechnik,
bei denen die Zusammendrückbarkeit der Luft in die Erscheinung tritt und nicht mehr vernachlässigt werden kann.
Sie äußert sich im wesentlichen darin, daß der Auftrieb an
allen nahe dem Luftschraubenumfang liegenden Profilen stark
abnimmt und der Widerstand im selben Maße ansteigt. Gleichzeitig lösen sich auf jeder Seite des Propellerblattes Luftwellen
von der Art ab, wie man sie aus der Ballistik von Beobach-
tungen fliegender Geschosse kennt. Damit verliert die für
Unterschallgeschwindigkeit gefundene günstigste Querschnitts-
form ihre Gültigkeit; die Propellerblattenden müssen in der
Bewegungsrichtung eine scharfe Kante erhalten und möglichst
dünn sein. Hieraus ist auch der bessere Wirkungsgrad von
Metallpropellern zu erklären, welche man im Gegensatz zu
Holzluftschrauben mit messerscharfen dünnen Blattspitzen
versehen kann.

c) Horizontalgeschwindigkeit.

Befindet sich eine Maschine im geradlinigen Horizontalflug, so ergibt sich die Gleichförmigkeit dieser Bewegung aus
den Bedingungen, daß die Summe aller Kräfte in zwei aufeinander senkrecht stehenden Richtungen und aller Drehmomente
in der Bewegungsebene Null sein muß.

Wie beim Gleitflug des motorlosen Flugzeuges wird zunächst die dritte Bedingung als gegeben hingenommen und

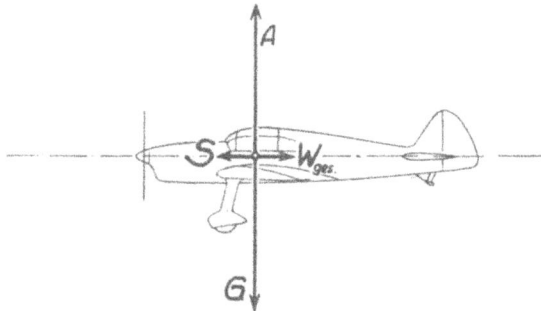

Abb. 63. Kräftegleichgewicht im Horizontalflug.

die Kräfte werden in vereinfachender Weise nach Abb. 63
am Flugzeugschwerpunkt angebracht. Aus der einleuchtenden
Beziehung, daß

$$(1) \qquad A = c_a \cdot \frac{\varrho}{2} \cdot v^2 \cdot F = G \qquad \text{[kg]}$$

sein muß, denn anderenfalls würde beim Überwiegen von A
oder G das Flugzeug steigen bzw. fallen, ergibt sich die Horizontalgeschwindigkeit

$$v = \sqrt{\frac{G}{F} \cdot \frac{2}{\varrho} \cdot \frac{1}{c_a}} \qquad \text{[m/s]}.$$

Diese Formel zeigt, daß bei einem Flug mit konstantem
Anstellwinkel[1]) die Geschwindigkeit mit wachsender Flächenbelastung G/F und in größerer Höhe zunehmen wird. Da aber
der Winkel α und damit auch das c_a des Horizontalfliegens
unbekannt ist, kann man die obenstehende Beziehung zunächst
nur verwenden, um sich einen Einblick in den Geschwindigkeits-
verlauf bei den verschiedenen Anstellwinkeln zu verschaffen.

Die zweite Bedingung, wonach der im vorigen Abschnitt
abgeleitete effektive Schraubenschub mit dem Gesamtwiderstand des Flugzeuges im Gleichgewicht stehen muß

$$S = W_{\text{ges}} \qquad \text{[kg]}$$
$$(2) \qquad \frac{75 \cdot N \cdot \eta}{v} = c_{w_{\text{ges}}} \cdot \frac{\varrho}{2} \cdot v^2 \cdot F,$$

führt zu einer weiteren Formel für die Horizontalgeschwindigkeit:

$$v = \sqrt[3]{\frac{N}{F} \cdot \frac{2}{\varrho} \cdot 75 \cdot \frac{\eta}{c_{w_{\text{ges}}}}} \qquad \text{[m/s]}.$$

Aber auch diese ist nur anwendbar, wenn der Anstell-
winkel und damit der Beiwert $c_{w_{\text{ges}}}$ bekannt ist. Unter Voraussetzung des konstanten α ergibt sich entsprechend der
ersten Formel das Anwachsen der Geschwindigkeit mit größerer
Flächenleistung $\frac{N}{F}$ [PS/m²] und Flughöhe.

---

[1]) Wie man sich durch kurze Rechnung nach der unten angegebenen Methode überzeugen kann, bewirkt beim sonst völlig gleichen Flugzeug die höhere Flächenbelastung eine geringere Geschwindigkeit; denn die schwerere Maschine fliegt in der gleichen Höhe
mit größerem Anstellwinkel horizontal.

Bemerkenswert ist die Tatsache, daß v nur mit der $\sqrt[3]{N}$ zunimmt, was bereits aus dem kurzen Berechnungsbeispiel des Luftschiffes in Abschnitt 2a des I. Hauptteils zu ersehen war. Verwendet man beispielsweise zwei Motoren gleicher Leistung, so wird die Geschwindigkeit nur 1,26 mal so groß wie die des einmotorigen Flugzeuges; oder will man die Geschwindigkeit verdoppeln, so ist unter den gleichen Voraussetzungen die achtfache Motorleistung aufzuwenden. Die Geschwindigkeitsformel zeigt ferner den großen Einfluß des schädlichen Widerstandes sowie des Schraubenwirkungsgrades, und es ist offenbar, daß v einen Größtwert bei dem zur sog. Schnellflugzahl $\left(\dfrac{\eta}{c_{w\text{ges}}}\right)_{\text{max}}$ gehörigen' Anstellwinkel erreicht.

Bei Division der beiden Grundbeziehungen

$$\frac{75 \cdot N \cdot \eta}{v} = c_{w\text{ges}} \cdot q \cdot F$$

und

$$G = c_a \cdot q \cdot F$$

erhält man aus

$$\frac{75 \cdot N \cdot \eta}{v \cdot G} = \frac{c_{w\text{ges}}}{c_a}$$

die **Horizontalgeschwindigkeit**

$$v = \frac{N}{G} \cdot 75 \cdot \eta \cdot \frac{c_a}{c_{w\text{ges}}} \qquad \text{[m/s]}.$$

Ihren Größtwert erreicht hiernach die Geschwindigkeit, wenn bei kleinster Leistungsbelastung G/N [kg/PS] mit dem Anstellwinkel geflogen wird, welcher zu $\left(\dfrac{c_a}{c_{w\text{ges}}}\right)_{\text{max}}$ also dem flachsten Gleitwinkel gehört. Für eine rasche Abschätzung der erreichbaren Höchstgeschwindigkeit in Bodennähe ist diese Formel jedoch unbrauchbar, da hier wohl die Motorleistung am größten ist, aber aus Gründen der Steigfähigkeit mit einem erheblich kleineren Anstellwinkel horizontal geflogen wird.

Der Luftschraubenwirkungsgrad wird bei Benutzung aller dieser Formeln anfangs mit einem Mittelwert — vielleicht $\eta = 0,7$ — einzusetzen sein; für die genauere Durchrechnung kann er aus den empirisch gewonnenen Luftschraubenrechen-

tafeln entnommen[1]), also in jedem Falle als bekannt vorausgesetzt werden.

Zur Bestimmung des Anstellwinkels beim Horizontalflug
eliminiert man v aus den beiden Grundgleichungen, indem
man (1) in die dritte Potenz, (2) in die zweite erhebt und (1)
durch (2) dividiert; es folgt dann die Einzelbedingung für den
Horizontalflug

$$\frac{c_a{}^3}{c_{wges}{}^2} = \frac{G}{F} \cdot \frac{G^2}{75^2} \cdot \frac{2}{\varrho} \cdot \frac{1}{(N \cdot \eta)^2}.$$

Hat man für ein bestimmtes Flugzeug die Horizontalgeschwindigkeit in beliebiger Höhe mit der Luftdichte ϱ_z zu
berechnen, für welche die Motorleistung N_z und der Vortriebswirkungsgrad bekannt sind, so ermittelt man nach vorstehen-
der Formel die zu den gegebenen Daten gehörige Steigzahl
und erhält damit indirekt den gesuchten Anstellwinkel. Denn
aus der Kurve $\frac{c_a{}^3}{c_{wges}{}^2} = f(c_a)$ kann für die gefundene Steigzahl
das c_{a_z} des betr. Horizontalfluges entnommen und die Geschwindigkeit

$$v_z = \sqrt{\frac{G}{F} \cdot \frac{2}{\varrho_z} \cdot \frac{1}{c_{a_z}}} \qquad [\text{m/s}]$$

berechnet werden. Je größer die Flughöhe, um so größer
ergibt sich aus der Grundbedingung die Steigzahl und damit
auch der Auftriebsbeiwert des Horizontalfluges. Gleichzeitig
nimmt aber die Luftdichte ab, wie aus den Zahlentafeln VIII
und IX für die Deutsche und Internationale Normalatmosphäre
zu ersehen ist. Es läßt sich infolgedessen nicht ohne weiteres
voraussagen, ob v_z mit wachsender Flughöhe ab oder zunehmen wird. Im allgemeinen wird die Geschwindigkeit zunächst nahezu unverändert bleiben und dann beim Erreichen
größerer Höhen verhältnismäßig rasch abfallen.

d) Steiggeschwindigkeit.

Im Steigflug unter einem Winkel γ ergibt sich das in Abb. 64
dargestellte Zusammenwirken von Luftkräften, Schraubenschub und Fluggewicht. Die Gleichgewichtsbedingungen lauten

---

[1]) Vgl. das Berechnungsbeispiel in diesem Hauptteil, Abschnitt 2 g.

also:
$$A = G \cdot \cos \gamma \qquad \text{[kg]}$$
$$S = G \cdot \sin \gamma + W_{ges} \qquad \text{[kg]}.$$

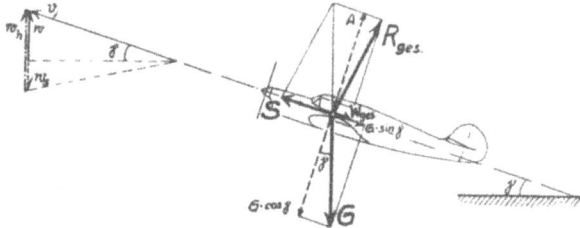

Abb. 64. **Kräftegleichgewicht** im Steigflug

Bezeichnet man die senkrechte Komponente der Fluggeschwindigkeit, die Steiggeschwindigkeit mit w, so ergibt sich aus dem Geschwindigkeitsdreieck der Abb. 64

$$\sin \gamma = \frac{w}{v},$$

damit wird

$$S = G \cdot \frac{w}{v} + W_{ges}.$$

Da der Steigwinkel γ meist klein ist, kann man $\cos \gamma \approx 1$ setzen, und aus $A \approx G$ folgt

$$v \approx \sqrt{\frac{G}{F} \cdot \frac{2}{\varrho} \cdot \frac{1}{c_a}}.$$

Damit ergibt sich aus

$$W_{ges} \approx c_{wges} \cdot \frac{\varrho}{2} \cdot F \cdot \left(\sqrt{\frac{G}{F} \cdot \frac{2}{\varrho} \cdot \frac{1}{c_a}} \right)^2 = \frac{c_{wges}}{c_a} \cdot G$$

$$S \cdot v = G \cdot w + \frac{c_{wges}}{c_a} \cdot G \cdot v$$

$$S \cdot v = G \cdot w + G \cdot \sqrt{\frac{G}{F} \cdot \frac{2}{\varrho} \cdot \frac{1}{c_a} \cdot \frac{c_{wges}^2}{c_a^3}}$$

$$S \cdot v = 75 \cdot N \cdot \eta$$

Steiggeschwindigkeit

$$w = \frac{75 \cdot N \cdot \eta}{G} - \sqrt{\frac{G}{F} \cdot \frac{2}{\varrho} \cdot \frac{c_{wges}^2}{c_a^3}} \qquad \text{[m/s]}.$$

Bezeichnet man den Ausdruck

$$\frac{75 \cdot N \cdot \eta}{G} = w_h \qquad [\text{m/s}]$$

mit **Hubgeschwindigkeit**, so ist damit die Steiggeschwindigkeit = Hubgeschwindigkeit — Sinkgeschwindigkeit

$$w = w_h - w_s.$$

Dieser Zusammenhang läßt sich anschaulich so erklären, daß ein
gleitendes Flugzeug in der Sekunde den Betrag w_s an Höhe
verlieren würde; die Motorleistung wird dazu verwendet, um
die Maschine in der Sekunde das Stück w_h zu heben, so daß
als Steiggeschwindigkeit, d. i. der in der Zeiteinheit gestiegene
Weg, w gleich der Differenz $w_h - w_s$ ist. Der günstigste Anstellwinkel zum Steigen wird also derjenige sein, welcher zu
$w_{s_{min}}$, d. h. zu $(c_{w_{ges}}^2/c_a^3)_{min}$ gehört, und man wird nach dieser
Gleichung mit unverändertem Anstellwinkel am schnellsten[1])
steigen können.

Einen guten Einblick in die Beziehungen vermittelt ein
Diagramm, das in seinem grundsätzlichen Aufbau bereits von
Pénaud (1875) verwendet wurde. Es enthält die erforderliche

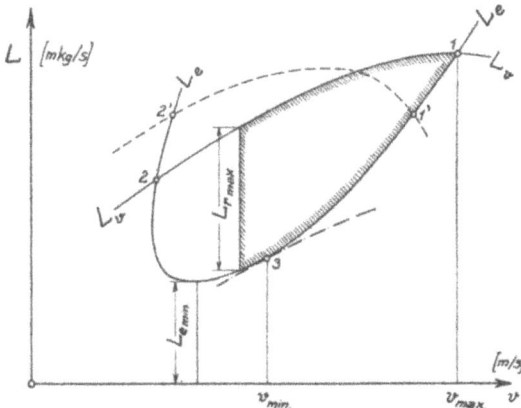

Abb. 65. Leistungs-Geschwindigkeits-Schaubild

---

[1]) Die größte Steig- und Trag-Fähigkeit ergibt sich dagegen beim Anstellwinkel des $(c_{w_{ges}}/c_a)_{min}$!

und die verfügbare Leistung einer zu untersuchenden Maschine in zwei Kurven

$$L_e = W_{ges} \cdot v = c_{w_{ges}} \cdot \frac{\varrho}{2} \cdot v^3 \cdot F \qquad \text{[mkg/s]}$$

$$L_v = 75 \cdot N \cdot \eta \qquad \text{[mkg/s]}$$

dargestellt in Abhängigkeit von der Horizontalgeschwindigkeit.

Wie aus Abb. 65 zu ersehen ist, haben die beiden Kurven zwei gemeinsame Punkte, zwischen deren Geschwindigkeiten ein Horizontal- oder Steigflug möglich ist. Außerhalb der beiden Schnittpunkte ist die verfügbare Leistung kleiner als die erforderliche, ein Flug mit solchen Geschwindigkeiten also nur unter Höhenverlust möglich.

Zwischen den Punkten 1 und 2, welche zwei möglichen Gleichgewichtszuständen $L_e = L_v$, also der größten und kleinsten Geschwindigkeit im Horizontalflug entsprechen, übertrifft die vom Motor abgegebene Leistung z. T. ganz erheblich die zum Fliegen erforderliche. Der in der Senkrechten gemessene Abstand der beiden Kurven stellt also die zum Steigen verfügbare Leistungsreserve dar, und man erhält die jeweilige Steiggeschwindigkeit, indem man diese Steigleistung durch das Fluggewicht dividiert. Die größtmögliche Steiggeschwindigkeit ergibt sich also aus dem größten Abstand der beiden Kurven und beträgt

$$w_{max} = \frac{L_{r\,max}}{G} \qquad \text{[m s]}.$$

Die zugehörige Horizontalgeschwindigkeit liegt etwas rechts von dem tiefsten Punkt der L_e-Kurve, welcher der kleinsten Sinkgeschwindigkeit[1]) entspricht. Der Grund für die geringfügige Abweichung von der weiter oben abgeleiteten Steiggeschwindigkeitsformel, nach welcher das w_{max} beim Anstellwinkel des $w_{s\,min}$ liegt, ist in den bei der Ableitung gemachten Vereinfachungen zu suchen.

Geht man durch Anstellwinkelvergrößerung von der Stelle größter Steigfähigkeit zu noch kleineren Geschwindigkeiten

---

[1]) Die geringste Sinkgeschwindigkeit ist damit

$$w_{s\,min} = \frac{L_{e\,min}}{G} \qquad \text{[m/s]}.$$

über, so nimmt die Steigleistungsreserve wieder ab, die zum
Fliegen erforderliche Leistung aber zu. Man befindet sich damit in dem bereits im Abschnitt 1a eingehend besprochenen
Bereich der umgekehrten Steuerwirkung, zu welchem auch
der tiefer liegende Schnittpunkt 2 der beiden Leistungskurven
gehört. Der normale Flugbereich erstreckt sich also nur von
der Stelle der größten Steigfähigkeit bis zum Schnittpunkt 1.

Will man mit einem Flugzeug bei gegebener Motorleistung
besonders große Steiggeschwindigkeiten erzielen, so muß man
die Luftschraube in der Weise auswählen, daß ihr bester Wirkungsgrad bei kleineren Fluggeschwindigkeiten liegt. Der
Gipfelpunkt der Motorleistungskurve verschiebt sich damit
nach links und die zum Steigen verfügbare Leistungsreserve
wird größer; im theoretisch günstigsten Falle liegt das η_{max}
bei der Geschwindigkeit des kleinsten Leistungsbedarfes. Dann
ist allerdings der Schnittpunkt 1 nach 1' gewandert, d. h. die
mit dieser Luftschraube erzielbare Höchstgeschwindigkeit ist
bedeutend geringer geworden. In den meisten Fällen wird man
aber weder den ausgesprochenen Steigpropeller noch einen
reinen Geschwindigkeitspropeller wählen, dessen bester
Wirkungsgrad im Schnittpunkt 1 liegt, sondern eine Luftschraube, deren größte Leistungsabgabe zwischen den beiden
extremen Ausführungsformen liegt[1]) und dem Flugzeug hinreichend große Horizontalgeschwindigkeit bei gutem Steig-
vermögen verleiht.

Drosselt man die Gaszuführung des Motors, so verschiebt
sich die Kurve der verfügbaren Leistung nahezu parallel nach
unten; die Schnittpunkte 1 und 2 rücken immer weiter aufeinander zu und werden schließlich bei einer bestimmten Stel-
lung der Drosselklappe aufeinander fallen, d. h. die beiden
Leistungskurven berühren sich nur noch (Punkt 3). Die zugehörige Geschwindigkeit v_{min} ist die kleinste durch Motor-
drosselung erreichbare Horizontalgeschwindigkeit. Die sog.
Geschwindigkeitsspanne $v_{max} - v_{min}$ ist von größter Bedeutung für die praktische Verwendbarkeit eines Motorflugzeuges.

---

[1]) Vorteilhafter ist natürlich eine Verstellschraube; vgl. auch
das vorletzte Kapitel im Berechnungsbeispiel.

e) Gipfelhöhe und Steigzeit.

Da die Motorleistung, also auch die Hubgeschwindigkeit mit der Höhe abnimmt, während die Sinkgeschwindigkeit immer größer wird, läßt die Steiggeschwindigkeit verhältnismäßig schnell nach. Die Flughöhe, in welcher $w = 0,5$ m/s geworden ist, bezeichnet man mit Dienstgipfelhöhe; in ihr hat das Flugzeug noch seine volle Manövrierfähigkeit. Bei weiterem Steigen muß schließlich für jedes Flugzeug der Fall eintreten, daß $w_h = w_s$ ist, also $w = 0$ und die Maschine nur noch horizontal fliegen kann. In dieser absoluten Gipfelhöhe z_g reicht die Motorleistung nur noch dazu aus, die Sinkgeschwindigkeit zu überwinden. Zur Berechnung von z_g verwendet man die oben abgeleitete Bedingung für den Horizontalflug in einer beliebigen Höhe z:

$$\frac{c_a^3}{c_{w_{ges}}^2} = \frac{G}{F} \cdot \frac{G^2}{75^2} \cdot \frac{2}{\varrho_z} \cdot \frac{1}{(N_z \cdot \eta)^2}.$$

Handelt es sich um einen normalen Motor ohne Höhenflugeinrichtungen, so setzt man wieder $N_z = N_0 \cdot \nu$ und formt die Gleichung um in

$$\nu^2 \cdot \varrho_z = 2 \cdot \frac{G}{F} \cdot \left(\frac{G}{N_0}\right)^2 \cdot \frac{1}{75^2} \cdot \frac{1}{\eta^2} \cdot \frac{c_{w_{ges}}^2}{c_a^3}.$$

Die größte Flughöhe erhält man natürlich, wenn der Pilot mit der kleinstmöglichen Sinkgeschwindigkeit, d. h. dem Anstellwinkel des $\left(\frac{c_{w_{ges}}^2}{c_a^3}\right)_{\min}$ fliegt. Für die Erreichung einer größtmöglichen Gipfelhöhe ist also offensichtlich nur die Steigzahl entscheidend und nicht der Gleitwinkel einer Maschine; ferner ist die in der 2. Potenz auftretende Leistungsbelastung $\frac{G}{N}$ von überragendem Einfluß gegenüber der Flächenbelastung. Zur Vereinfachung des Ausrechnens wird die Bedingung des Horizontalfluges in der Gipfelhöhe noch weiter umgeformt in

$$\nu_g^2 \cdot 8 \cdot \varrho_g = 16 \cdot \frac{G}{F} \cdot \left(\frac{G}{N_0}\right)^2 \cdot \frac{1}{75^2 \cdot \eta^2} \cdot \left(\frac{c_{w_{ges}}^2}{c_a^3}\right)_{\min}$$

$$\nu_g \cdot \sqrt{8 \cdot \varrho_g} = 4 \cdot \sqrt{\frac{G}{F} \cdot \frac{G}{N_0} \cdot \frac{1}{75 \cdot \eta} \cdot \left(\frac{c_{w_{ges}}}{c_a^{1,5}}\right)_{\min}}$$

Hat man den Propellerwirkungsgrad in der Gipfelhöhe geschätzt oder für η einen Mittelwert eingeführt, so sind alle Größen der rechten Gleichungsseite gegeben. Die nur von der Höhe abhängigen Werte $\nu \cdot \sqrt{8\varrho}$ kann man nach der Zahlentafel VIII bzw. IX ein für allemal in einem Diagramm Abb. 66

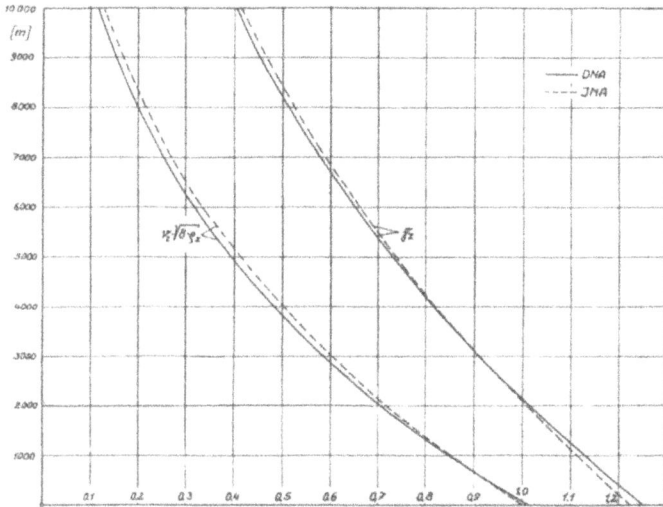

Abb 66. Spezifisches Gewicht der Luft und die Werte $\nu \, \sqrt{8 \, \varrho}$ in Abhängigkeit von der Höhe für beide Normal-Atmosphären.

über der Höhe z auftragen und erhält dann für den errechneten Zahlenwert $\nu_g \cdot \sqrt{8 \cdot \varrho_g}$ unmittelbar die Gipfelhöhe z_g.

Verwendet man einen Höhenmotor bzw. ist die Höhenleistungskurve eines Motors von der Lieferfirma gegeben, so wird man zweckmäßig anders vorgehen und die Grundbeziehung

$$\frac{c_a^3}{c_{w_{ges}}^2} = \frac{G}{F} \cdot \frac{G^2}{75^2} \cdot \frac{2\,g}{\gamma_z} \cdot \frac{1}{N_z^2 \cdot \eta^2}$$

auflösen nach

$$\gamma_g \cdot N_g^2 = \frac{2 \cdot g}{75^2} \cdot \frac{G}{F} \cdot G^2 \cdot \frac{1}{\eta^2} \cdot \left(\frac{c_{w_{ges}}^2}{c_a^3}\right)_{min},$$

wobei mit Einführung der größten Steigzahl gleichzeitig die Indizes z in g umgewandelt werden.

Für den betr. Motor hat man sich zuvor die Werte $\gamma_z \cdot N_z^2$ über z aufgetragen und findet für den berechneten Wert

$\gamma_g \cdot N_g{}^2$ aus dieser Kurve die erreichbare absolute Gipfel-höhe.

Die Geschwindigkeit in der Höhe z_g läßt sich natürlich mit jeder der abgeleiteten Geschwindigkeitsformeln sofort berechnen, am einfachsten mit Hilfe der Gleichung

$$v_g = \sqrt{\frac{G}{F} \cdot \frac{2}{\varrho_g} \cdot \frac{1}{c_{a_g}}} \qquad [\text{m/s}],$$

worin die Luftdichte ϱ_g in der betr. Höhe und das zum An-stellwinkel der geringsten Sinkgeschwindigkeit gehörige c_{a_g} eingesetzt wird.

Während der Steigwinkel eines Flugzeuges wohl nur beim

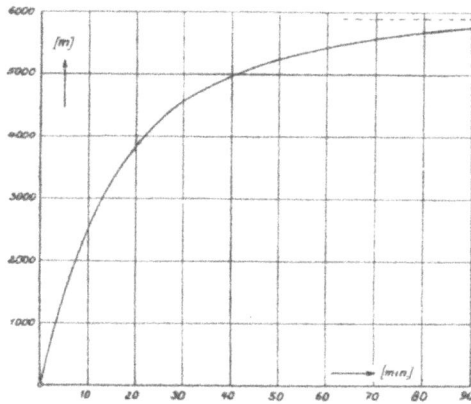

Abb 67   Gerechnete Steiglinie eines Motorflugzeuges.

Start von Interesse ist, hat die kürzeste Zeit, in welcher eine bestimmte Flughöhe erstiegen werden kann, besondere Bedeu-tung. Die Steigzeit bis zu Höhen von 1000, 2000 m usw. wird bei allen Maschinendaten als wichtiges Maß für die Lei-stungsfähigkeit angegeben; bei Kriegsflugzeugen wird es außerdem wertvoll sein, die kürzeste Flugzeit vom Start bis zur Gipfelhöhe zu kennen. Die Zeit zum Ersteigen gleich-großer Höhenstufen nimmt entsprechend der Steiggeschwin-digkeit allmählich ab. Da im vorliegenden 1. Band der »Flug-zeugberechnung« die Hilfsmittel der höheren Mathematik nicht verwendet werden, soll hier eine etwas umständliche, aber

mit beliebiger Genauigkeit mögliche stufenweise Berechnung
der Steigzeit angegeben werden.

Man ermittelt für Stufen von beispielsweise $h = 1000$ zu
1000 m die mittleren Steiggeschwindigkeiten w_m. Die Zeit
zum Ersteigen einer Stufe ist dann

$$\Delta t = \frac{h}{w_m} = \frac{1000}{w_m} \qquad [\text{s}]$$

und die Steigzeit auf eine beliebige Höhe z gleich der Summe
der für die einzelnen Höhenstufen benötigten Zeiten:

$$t_z = \sum \Delta t = \sum \frac{h}{w_m} \qquad [\text{s}].$$

Zum Überblick kann der Verlauf der erzielten Steigleistungen
als Kurve $z = f(t)$ in einer »gerechneten Steiglinie« (vgl.
Abb. 67) dargestellt werden.

f) Startstrecke.

Start und Landung nehmen unter allen Flugzuständen
insofern eine Sonderstellung ein, als für sie die im Reiseflug
erwünschten Eigenschaften: hohe Geschwindigkeit und flacher
Gleitwinkel von großem Nachteil sein können. Die Sicherheit
beim Streckenflug nimmt mit der Geschwindigkeit zu, während beim Flug in unmittelbarer Erdnähe, besonders bei der
Landung, schon verhältnismäßig geringe Geschwindigkeiten
eine stete Gefahrenquelle bilden. Bereits im Abschnitt 4d
des I. Hauptteils ist die Möglichkeit einer zeitweiligen Vergrößerung von $c_{a_{max}}$ und damit verbundenen Herabsetzung der
Landegeschwindigkeit erörtert worden. Doch auch das »Segel-
vermögen« mancher Flugzeuge ist durchaus unerwünscht und
man versucht durch die verschiedensten Bremseinrichtungen
den Gleitwinkel bei der Landung zu verschlechtern, um so
den zum Anschweben und Ausrollen benötigten Platz auf ein
Mindestmaß herabzusetzen.

Der Start soll gleichfalls nach einem möglichst kurzen
Anlauf vor sich gehen und das Flugzeug soll bald nach dem
Abheben eine gute Steigfähigkeit entwickeln. Der Verlauf des
Abfluges besteht nach Abb. 68 aus der Rollstrecke s_1 und
der sog. Anstiegstrecke s_2 bis zum Erreichen einer bestimm-
ten Höhe h. In Deutschland wird von Landflugzeugen bei

höchstens 3 m/s Windgeschwindigkeit eine Gesamtstartlänge von weniger als 600 m bis zum Überfliegen eines 20 m hohen Hindernisses gefordert. Das Zusammenwirken der Kräfte beim Start geht gleichfalls aus der Abb. 68 hervor; beginnt das Flugzeug zu rollen, so wirkt zunächst der Standschub S_0 der Luftschraube nach vorn — wenn man voraussetzt, daß der Sporn sich sofort vom Boden abhebt — und die Reibungskraft $\mu \cdot G$ in entgegengesetzter Richtung. Die Reibungszahl μ schwankt je nach der Oberflächenbeschaffenheit des Flugplatzes und der Qualität des Fahrwerkes zwischen 0,1 und 0,2. Sobald das Flugzeug eine gewisse Geschwindigkeit erreicht hat, beginnt sich der Luftwiderstand W_{ges}

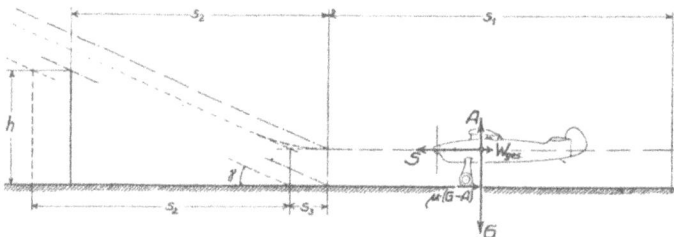

Abb. 68. Kräfte beim Rollen und schematische Darstellung der Startwege.

bemerkbar zu machen; gleichzeitig nimmt aber auch die Größe der Reibungskraft ab, da die Belastung des Fahrgestelles durch den wachsenden Auftrieb verkleinert wird. Schließlich hat die Maschine am Ende der Rollstrecke eine Geschwindigkeit erreicht, die den zum Fliegen nötigen Auftrieb liefert. Sie kann vom Boden abgehoben werden und unter dem Steigwinkel γ die Strecke s_2 bis zum Überfliegen des vorgeschriebenen Hindernisses zurücklegen. In Wirklichkeit kann die Startbahn beim Übergang vom Rollen zum Anstieg keinen Knick haben, sondern das Flugzeug wird an dieser Stelle eine gekrümmte Bahn beschreiben; dadurch ergibt sich ein geringer Verlust an Bewegungsenergie und ein meist unbedeutendes Verlängern der Startstrecke[1], das hier vernachlässigt werden soll.

---

[1] Nach M. Schrenk beträgt die Verlängerung der Startstrecke bei Berücksichtigung des Übergangsbogens.

Man überblickt das Verhalten der Kräfte während des Rollens am leichtesten in einer Auftragung der Schraubenzugkraft S und des Flugzeugwiderstandes W_{ges} über dem Staudruck q. Dieses in Abb. 69 wiedergegebene Diagramm ist nur eine veränderte Form der schon oben benutzten Pénaudschen Darstellungsweise und hat vor jener den Vorteil, daß sowohl der Verlauf von S als auch von W_{ges} und der Reibungskraft $\mu \cdot (G - A)$ durch gerade Linien wiedergegeben wird. Bei Widerstand und Auftrieb ist diese lineare Abhängigkeit vom

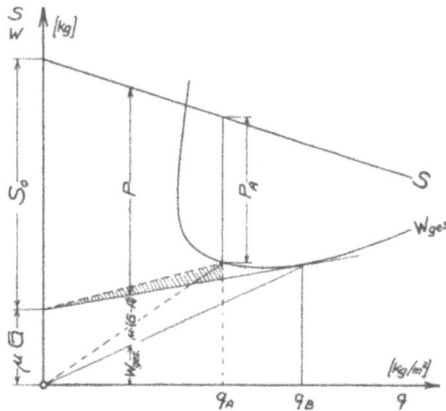

Abb. 69. Verlauf der maßgebenden Kräfte beim Abflug in Abhängigkeit vom Staudruck.

Staudruck (sofern das Flugzeug mit konstantem Anstellwinkel rollt!) durch den Aufbau ihrer Grundgleichungen hinreichend bekannt, gilt also auch ohne weiteres für den Verlauf der Reibungskraft $\mu \cdot (G - A)$. Der zunächst im Bereich des Abflugvorganges zugrunde gelegte lineare Abfall der Propellerzugkraft (vgl. auch das Berechnungsbeispiel) mit wachsendem Staudruck ist nach Untersuchungen von M. Schrenk[1] berechtigt. Würde man das Flugzeug während des ganzen Starts

$$s_3 = \frac{P_A}{\gamma_0 \cdot F \cdot (c_{a_{max}} - c_{a_A})}$$

mit den weiter unten (S. 125 [1])) erklärten Bezeichnungen.

[1] Schrenk, M., Abflug und Schraubenschub. ZFM Bd. 23 (1932) S. 638.

mit dem Anstellwinkel des steilsten Anstiegs — welcher zum größten Abstand P_4 zwischen W_{ges}- und S-Kurve gehört[1]) — rollen, abheben und ansteigen lassen, so würde sich der in Abb. 69 gestrichelt eingezeichnete Verlauf der Kräfte ergeben. Man erkennt deutlich, daß die Reibungskraft von $\mu \cdot G$ (im Stand) während des Rollens bis auf den Betrag Null (beim Abheben) sinkt, während gleichzeitig der Widerstand W_{ges} von Null bis auf den zur Abhebegeschwindigkeit gehörigen Wert zunimmt. Die jeweilige Differenz aus Schraubenschub, Widerstand und Reibungskraft ist eine Kraft P, welche die Masse des Flugzeuges von der Geschwindigkeit Null bis zu der des Abhebens beschleunigt. Somit folgt die Bewegungsgleichung des Flugzeuges beim Rollen aus der Grundbeziehung:

$$\text{Masse} \times \text{Beschleunigung} = \text{Kraft}$$

$$\frac{G}{g} \cdot \dot{b} = S - W_{ges} - \mu \cdot (G - A) \qquad [\text{kg}]$$

$$b = \frac{g}{G} \cdot \left[S - \mu \cdot G - (c_{w_{ges}} - \mu \cdot c_a) \cdot \frac{v^2}{16} \cdot F \right] \quad [\text{m/s}^2].$$

Je größer die durch den Ausdruck in der eckigen Klammer dargestellte Beschleunigungskraft P ist, um so schneller erreicht die Maschine Fluggeschwindigkeit, um so kürzer wird also auch die Rollstrecke.

Es ergibt sich hier wieder die Frage nach dem günstigsten Anstellwinkel, welcher den Ausdruck

$$(c_{w_{ges}} - \mu \cdot c_a)$$

zu einem Minimum werden läßt. Er gehört zum Berührungspunkt der Tangente vom Endpunkt der Bodenreibungskraft $\mu \cdot G$ auf der Ordinatenachse an die Widerstandskurve[2]). Die Vergrößerung der Beschleunigungskräfte gegenüber dem Rollen

---

[1]) Nach Abb 64 ist

$$S - W_{ges} = G \cdot \sin \gamma,$$

also

$$\sin \gamma = \frac{S - W_{ges}}{G}.$$

[2]) Es steht mit der Erfahrung auch vollkommen im Einklang, daß man bei ungünstigen Bodenverhältnissen mit großem Anstellwinkel (Schwanz tief), bei glatter Startbahn dagegen mit sehr kleinem α (Schwanz hoch) am schnellsten abkommt

beim Anstellwinkel des größten Steigwinkels ist in Abb. 69
deutlich zu erkennen. Zur Erzielung des kürzesten Anlaufs
wird das Flugzeug zweckmäßig mit dem kleineren, zu q_B gehörigen Anstellwinkel rollen[1]. Beim Erreichen von q_i ist
die Maschine dann bis zum entsprechenden α zu ziehen, um
sie vom Boden abzuheben und in die Flugbahn des steilsten
Anstiegs zu bringen. Der Anstiegweg selbst ergibt sich nach
Abb. 68 aus der einfachen Beziehung

$$\operatorname{tg} \gamma = \frac{h}{s_2}$$

$$s_2 = \frac{h}{\operatorname{tg} \gamma} = \frac{h \cdot v}{w} \qquad [\mathrm{m}].$$

Zu der im Beispiel des folgenden Abschnittes durchgeführten Rollstreckenermittlung wird wieder eine stufenweise
Berechnungsmethode[2] verwendet. Der ganze Geschwindig-
keitsbereich bis zum Abheben ist in Stufen von 10 zu 10 m/s
eingeteilt. Aus der oben abgeleiteten Bewegungsgleichung
wird die Beschleunigung in jeder Stufe v_1 bis v_2 bei einer
mittleren Geschwindigkeit $\frac{v_1 + v_2}{2}$ von 5, 15, 25 m/s usw.
berechnet. Nach ihrer Definitionsgleichung[3] ist die

$$\text{Beschleunigung} = \frac{\text{Geschwindigkeitszunahme}}{\text{benötigte Zeit}}$$

$$b = \frac{v_2 - v_1}{\varDelta t},$$

also hier

$$b = \frac{10}{\varDelta t} \qquad [\mathrm{m/s^2}],$$

woraus sich die Zeit

$$\varDelta t = \frac{10}{b} \qquad [\mathrm{s}]$$

---

[1] Die Indizes B und A beziehen sich auf die Anstellwinkel der
größten Beschleunigung und des steilsten Anstiegs (Abheben)

[2] Eine völlig andere Berechnungsart ergibt sich durch Verwendung der Startformeln aus der bereits oben zitierten Arbeit des
Verfassers in der ZFM 22 (1931) S 221/222.

[3] Der mathematisch Geschulte wird natürlich hier, ebenso wie
bei der oben aufgestellten Bewegungsgleichung, die Beschleunigung
als $\frac{d v}{d t}$ einsetzen.

und durch Multiplikation mit der mittleren Stufengeschwindigkeit die Teilrollstrecke

$$\Delta s = \Delta t \cdot \frac{v_2 + v_1}{2} \qquad \text{[m]}$$

jeder Geschwindigkeitsstufe ergibt. Die Gesamtrollstrecke ist dann

$$s_1 = \Sigma \Delta s \qquad \text{[m]}$$

und wird mit s_2 zur Startstrecke zusammengefaßt.

g) Berechnungsbeispiel.

Die auf die Deutsche Normal-Atmosphäre bezogenen Leistungen eines zweisitzigen Schnellpostflugzeuges nach Abb. 70 sollen berechnet werden; gegeben ist:

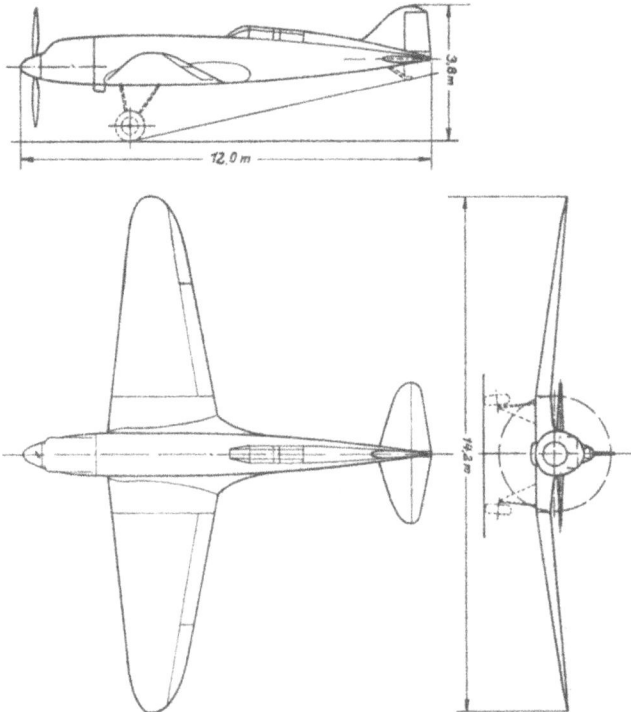

Abb. 70. Übersichtszeichnung des zu berechnenden Schnellpost-flugzeuges.

Fluggewicht G . . . . $= 3290$ kg
aerodynamische Fläche F_{aer} . $= 33,6$ m²
Flächenbelastung G_i/F_{aer} . . . . $= 98$ kg/m²
Spannweite b . . . . $= 14,2$ m
Flügelstreckung b^2/F_{aer} . . . . $= 6$.

Die Maschine ist mit einem 12-Zylinder-V-Motor[1]) aus-
gerüstet, dessen Bremslinien bei Vollgas- und Dauerleistung
der Abb. 73 zu entnehmen sind.

Als Tragflügelquerschnitt wurde das beim Seitenverhältnis 1 : 6 und einer Reynolds-Zahl 3660000 nachgemessene amerikanische Profil NACA-M 6 ausgewählt; die
Beiwerte entsprechen der Flügelstreckung des vorliegenden
Entwurfes und brauchen also nicht umgerechnet zu werden.

Der Beiwert des schädlichen Widerstandes ist mit
$c_{w_s} = 0,012$ für den Flug, mit $c_{w_s}' = 0,020$ für den Start mit
ausgeschobenem Fahrwerk und Sporn angenommen und in
den Zahlentafeln X und XVIII bereits mit den Widerstandszahlen des Flügels zum $c_{w_{ges}}$ zusammengefaßt.

Erforderliche Leistung beim Flug in Bodennähe.

Im Bereich der Flugzustände eines Verkehrs- bzw. Post-
flugzeuges kann $c_r \approx c_a$ gesetzt werden; es genügt also die
Genauigkeit der Bahngeschwindigkeitsformel

$$v \approx \sqrt{\frac{G}{F} \cdot \frac{2}{\varrho} \cdot \frac{1}{c_a}} \qquad \text{[m/s]}.$$

Für die zunächst berechneten Flugleistungen in Bodennähe
ist nach der DNA

$$\varrho_0 = 0,1275 \qquad \text{[kg} \cdot \text{s}^2/\text{m}^4\text{]}$$

und

$$v_0 \approx \sqrt{98 \cdot \frac{15,7}{c_a}} = \frac{39,2}{\sqrt{c_a}} \qquad \text{[m/s]}.$$

Um eine laufende Kontrolle der errechneten Flugleistungen
zu haben, wird man am besten graphische und rein rechnerische
Ermittlungen nebeneinander durchführen. Aus diesem Grunde

---

[1]) Die Kurven entsprechen etwa den Leistungen des wasser
gekühlten BMW-Flugmotors Muster VIIa, 7,3.

soll auch, obgleich es nicht unbedingt erforderlich ist, das Ge-
schwindigkeits-Leistungs-Schaubild der Maschine aufgezeichnet werden. Die erforderliche Leistung

$$L_e = W_{ges} \cdot v \approx G \cdot \frac{c_{wges}}{c_a} \cdot v \qquad [\text{mkg/s}]$$

ist in Zahlentafel X berechnet unter Verwendung der früher
abgeleiteten Näherungsformel für den Flugzeugwiderstand.

Zahlentafel X.

Erforderliche Leistung beim Flug in Bodennähe.

Polare d. Flugzeuges			W_{ges} [kg]		v [m/s]		V [km/h]	L_e [mkg/s]
a^0	c_a	c_{wges}	c_a/c_{wges}	$\dfrac{3290}{c_a\,c_{wges}}$	$\dfrac{1}{c_a}$	$\dfrac{39,2}{c_a}$	$v \cdot 3,6$	$W_{ges}\,v$
1,5	0,126	0,0217	5,81	566,2	0,355	110,4	397	62510
3	0,237	0,0231	10,25	320,9	0,487	80,5	290	25830
4,5	0,340	0,0267	12,73	258,4	0,583	67,2	242	17360
6	0,456	0,0332	13,73	239,6	0,675	58,1	209	13920
9	0,665	0,0476	13,97	235,5	0,816	48,0	173	11300
12	0,875	0,0685	12,77	257,6	0,936	41,9	151	10790
15	1,073	0,0936	11,46	287,0	1,036	37,8	136	10850
18	1,222	0,1308	9,34	352,2	1,106	35,4	127	12470
21	1,169	0,2011	5,82	565,2	1,081	36,3	131	20520

**Abschätzung der größten Waagerechtgeschwindig-
keit.**

Nachdem man $L_e = f(v)$ in Abb. 71 aufgetragen hat, kann
man sich rasch einen Einblick in die mit dem gegebenen Motor
zu erzielende höchste Waagerechtgeschwindigkeit machen. Der
Motor leistet (vgl. Abb. 73) bei höchstzulässiger Drehzahl
770 PS und die »vorhandene Leistung« bestimmt sich somit,
wenn man einen Luftschraubenwirkungsgrad von 80% als
erreichbar annimmt, zu

$$L_v = 75 \cdot N \cdot \eta = 75 \cdot 770 \cdot 0,8 = 46200 \text{ mkg/s}.$$

Die zugehörige Waagerechte schneidet die Kurve der erforderlichen Leistung über der Stelle $v = 100$ m/s, d. h. man könnte
eine Höchstgeschwindigkeit von 360 km/h erzielen.

Nun sind aber die zugrunde gelegten 770 PS nur als Kurzleistung anzusprechen, kommen also für den normalen Reise-

flug nicht in Frage. Die Dauerleistung beträgt nur 600 PS bei 1520 min^{-1}, die für den Streckenflug verfügbare Leistung unter der gleichen Voraussetzung also nur

$$L_v = 75 \cdot 600 \cdot 0{,}8 = 36000 \text{ mkg/s};$$

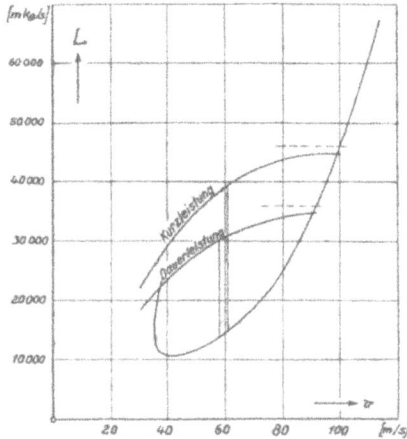

Abb. 71 Geschwindigkeits-Leistungs-Diagramm für den Flug in Bodennähe.

dann ergibt sich der entsprechende Schnittpunkt bei $v = 92$ m/s $\equiv 331$ km/h.

Luftschraubenauswahl.

Für diese größte Reisegeschwindigkeit am Boden soll auch die Luftschraube mit fester Steigung nach dem Kurvenblatt Abb. 62 ausgewählt werden. Mit den gegebenen Daten wird zunächst der Geschwindigkeitsbeiwert berechnet:

$$c_s = v \cdot \sqrt[5]{\frac{\varrho_0}{75 \cdot N} \cdot \left(\frac{60}{n}\right)^2} = \frac{92 \cdot \varrho_0^{\frac{1}{5}}}{(75 \cdot 600)^{\frac{1}{5}} \cdot \left(\frac{1520}{60}\right)^{\frac{2}{5}}}$$

$$c_s = \frac{92 \cdot 0{,}6624}{8{,}51 \cdot 3{,}65} = 1{,}96.$$

Aus konstruktiven Rücksichten soll beim vorliegenden Entwurf der Propellerdurchmesser nicht größer als $D = 3{,}24$ m werden; der Fortschrittsgrad ist also

Jaeschke. Flugzeug I   9

$$\lambda = \frac{v}{D} \cdot \frac{60}{n} = \frac{92 \cdot 60}{3,24 \cdot 1520} = 1,12$$

und der zugehörige Steigungswinkel beträgt $\beta = 28^0$ im Fluge. Im Stand darf mit Rücksicht auf die Deformation der Blattwinkel an der Stelle $0,75 \cdot$ Propellerradius nur mit $\beta = 28^0 - 2 \cdot 0,5^0 = 27^0$ eingestellt werden[1]), was aber für die weitere Rechnung ohne Belang ist.

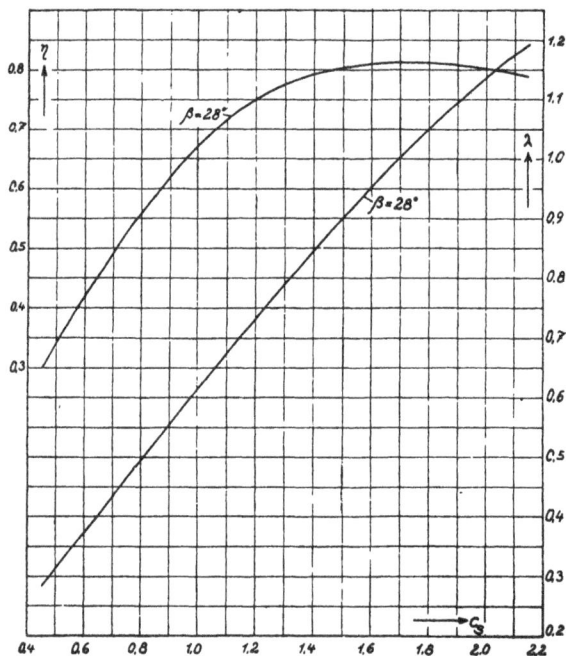

Abb. 72. Wirkungs- und Fortschrittsgradkurve der gewählten Luftschraube.

Der Vortriebswirkungsgrad folgt für $c_s = 1,96$ aus der betr. Blattwinkelkurve zu 80,5%, muß aber wegen des Tragflügeleinflusses noch verkleinert werden und kann im ungünstigsten Fall $\eta = 0,805 - 0,030 = 0,775$ betragen. Eine weitere Herabsetzung von η müßte erfolgen, sobald die wirkliche Blattspitzengeschwindigkeit die 300 m/s-Grenze überschreitet;

---

[1]) Die Versuche wurden mit einem 400-PS-Motor gemacht.

zur Kontrolle rechnet man also

$$u_{\text{res}} = \frac{n}{60} \cdot D \cdot \sqrt{\lambda^2 + \pi^2}$$

$$u_{\text{res}} = \frac{1520}{60} \cdot 3,24 \cdot \sqrt{1,12^2 + \pi^2} = 274 \text{ m/s}.$$

Selbst bei der höchstzulässigen Drehzahl von 1650 min^{-1} wird die kritische Blattspitzengeschwindigkeit, wie man sich durch die Rechnung überzeugen kann, erst bei $\lambda = 1,2$ erreicht, so daß die aus dem Rechenblatt entnommenen und um 3% verminderten Wirkungsgrade als endgültig anzusehen sind.

Obgleich der oben gefundene Wert $\eta = 77,5\%$ ein wenig unter dem ursprünglich angenommenen liegt, soll die geringfügige Geschwindigkeitsdifferenz unberücksichtigt bleiben. Da ferner der Vortriebswirkungsgrad im vorliegenden Fall mit kleiner werdendem Durchmesser abfällt[1] und eine Vergrößerung von D infolge der konstruktiv begründeten Einschränkung nicht in Frage kommt, wird die getroffene Luftschraubendimensionierung aufrechterhalten. Man zeichnet die Wirkungs- und die Fortschrittsgradkurve des Flugblattwinkels $\beta = 28^0$ zur besseren Übersicht auf ein besonderes Blatt: Abb. 72.

Antriebsleistung der Luftschraube beim Flug in Seehöhe.

Um die von der Luftschraube abgegebene Schubleistung $N \cdot \eta$ in Abhängigkeit von der Fluggeschwindigkeit zu ermitteln, ist ein umständliches Berechnungsverfahren nötig[2]; denn sowohl im Geschwindigkeitskoeffizienten c_s als auch im Fortschrittsgrad λ kommen v und n vor. Da die verfügbare Motorleistung $N = f(n)$ als Bremslinie gegeben ist, eliminiert man am besten v und bestimmt zunächst die der Schraube bei verschiedenen Belastungen (Fortschrittsgraden) und Drehzahlen

---

[1] Die gestrichelte Linie des besten Wirkungsgrades verläuft oberhalb der Koordinaten $c_s = 1,96$ und $\lambda = 1,12$!

[2] Eine keineswegs kürzere und wenig anschauliche Berechnungsweise wird von Otto K. und Hesse S. in Berechnung und bauliche Ausführung von Verstellschrauben, Luftwissen 2. Jahrgang (1935) S. 7 vorgeschlagen.

zuzuführende Antriebsleistung. Die gewünschte Beziehung zwischen N und n ergibt sich, wenn man

$$\lambda = \frac{v \cdot 60}{D \cdot n} \quad \text{und} \quad c_s = v \cdot \sqrt[5]{\frac{\varrho}{75 \cdot N} \cdot \left(\frac{60}{n}\right)^2}$$

durcheinander dividiert und die Gleichung in die 5. Potenz erhebt:

$$\left(\frac{\lambda}{c_s}\right)^5 = \frac{v^5 \cdot 60^5}{D^5 \cdot n^5} \cdot \frac{75 \cdot N \cdot n^2}{v^5 \cdot \varrho \cdot 60^2} = c_P;$$

nach dieser Definition eines Leistungsbeiwertes[1]) c_P ist

$$N = c_P \cdot \frac{D^5}{75} \cdot \varrho \cdot \left(\frac{n}{60}\right)^3 \qquad [PS].$$

Der im folgenden tabellarisch dargestellte Rechnungsgang ist für den Flug in Bodennähe bei Voll- und Dauerleistung durchgeführt. Es werden zunächst eine Anzahl Fortschrittsgrade λ angenommen[2]), dann aus Abb. 72 die zugehörigen c_s-Werte für den gewählten Blattwinkel abgelesen und der Leistungsbeiwert c_P berechnet. Durch Multiplikation mit

$$\frac{D^5}{75} = \frac{3,24^5}{75} = 4,47 \text{ m}^5,$$

mit der Bodenluftdichte $\varrho_0 = 0,1275$ kg s²/m⁴ und im praktisch vorkommenden Drehzahlbereich beliebig angenommenen Werten $\left(\frac{n}{60}\right)^3$ ergeben sich die Antriebsleistungen N_0 [PS] der Luftschraube für die gewählten Fortschrittsgrade und verschiedenen Drehzahlen.

Verfügbare Schubleistung der Luftschraube.

Ihr Verlauf wird in Abb. 73 eingetragen und ergibt Schnittpunkte[3]) mit den beiden Bremslinien des Motors für vollkommen geöffnete und für Dauerbetriebsstellung der Gas-

---

[1]) Die ursprüngliche Bezeichnung c_p des NACA-Report 350 ist ebenso beibehalten wie c_s (power bzw. speed!)

[2]) Die Wahl von $\lambda = 1,125$ erklärt sich im folgenden aus der Übereinstimmung des Verlaufs von Schraubenantriebsleistung und Drosselleistung (vgl. Abb. 73!).

[3]) Die Berechnung von N_0 in Tabelle XI a wurde zwecks Ermittlung dieser Schnittpunkte nur für geeignete Drehzahlen durchgeführt

drossel. Jeder Schnittpunkt bezeichnet eine Drehzahl, bei welcher die von der Schraube benötigte Antriebsleistung gleich der vom Motor abgegebenen effektiven Leistung ist, d. h. bei welcher unter einer bestimmten Belastung Gleichgewicht herrscht.

Für die verschiedenen Fortschrittsgrade λ werden Motorleistung N_0 und Drehzahl n [min^{-1}] der Gleichgewichtszustände abgelesen und in Zahlentafel XI zusammengestellt; ferner wer-

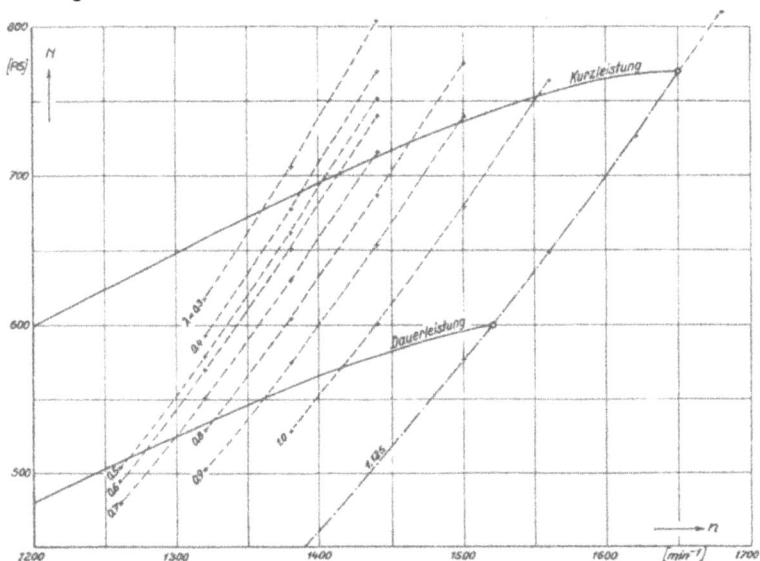

Abb. 73. Bremslinien des gegebenen Motors und Antriebsleistung der Luftschraube bei verschiedenen Fortschrittsgraden.

den aus Abb. 72 die Wirkungsgrade η für jedes angenommene λ ermittelt, zur Berücksichtigung des Tragflügeleinflusses um 0,03 verringert und dazugeschrieben. Die verfügbare Schraubenleistung $L_v = 75 \cdot N_0 \cdot \eta$ [mkg/s] läßt sich nun berechnen, desgleichen die jeweilige Bahngeschwindigkeit

$$v = \lambda \cdot \frac{n}{60} \cdot D = \lambda \cdot \frac{n}{60} \cdot 3,24 \qquad \text{[m/s]},$$

so daß für Kurz- und Dauerleistung die Kurven $L_v = f(v)$ in das Pénaud-Diagramm Abb. 71 eingezeichnet werden können. Die Waagerechtgeschwindigkeit ergibt sich hiernach zu 92,3 m/s bzw. 332 km/h.

Zahlentafel XIa—c.

Ermittlung der verfügbaren Schraubenleistung beim Flug in Bodennähe.

a)

Spaltenköpfe der n-Spalten: n (min^{-1}), $n/60$ (s^{-1}), $\left(\dfrac{n}{60}\right)^3$ (s^{-3}); Werte N_0 in PS.

λ	c_N	λ/c_N	$c_P = (\lambda/c_N)^5$	$c_P\cdot\dfrac{D^5}{75}\cdot\varrho_0 = c_P\cdot 4{,}77\cdot 0{,}1275$	1260 / 21 / 9261	1320 / 22 / 10648	1380 / 23 / 12167	1440 / 24 / 13824	1500 / 25 / 15625	1560 / 26 / 17576	1620 / 27 / 19683	1680 / 28 / 21952
0,3	0,480	0,625	0,09534	0,05799		618	706	804				
0,4	0,645	0,620	0,09160	0,05570		593	678	770				
0,5	0,810	0,617	0,08943	0,05439	504	579	662	752				
0,6	0,975	0,615	0,08797	0,05350	495	570	651	740				
0,7	1,145	0,611	0,08515	0,05179	480	551	630	716				
0,8	1,320	0,606	0,08170	0,04969		529	605	687	776			
0,9	1,500	0,600	0,07776	0,04729		503	575	654	739			
1,0	1,695	0,590	0,07150	0,04348			529	601	679	764		
1,125	1,970	0,571	0,06070	0,03691					577	649	726	810

Zahlentafel XI.

	λ	η	N_0 [PS]	$N_0 \cdot \eta$ [PS]	L_v $75 \cdot N_0 \cdot \eta$ [mkg/s]	n [min⁻¹]	$\frac{n}{60}$ [s⁻¹]	v $\lambda \cdot \frac{h}{60} \cdot 3{,}24$ [m/s]	V $v \cdot 3{,}6$ [km/h]
b) Kurzleistung	0,3¹)	0,293	678	199	14 920	1361	22,68	22,0	79
	0,4¹)	0,422	690	291	21 820	1388	23,13	30,0	108
	0,5	0,534	697	372	27 900	1403	23,38	37,9	133
	0,6	0,630	702	442	33 150	1414	23,57	45,8	165
	0,7	0,702	712	500	37 500	1437	23,95	54,3	195
	0,8	0,746	723	539	40 450	1464	24,40	63,2	228
	0,9	0,772	735	567	42 550	1497	24,95	72,7	262
	1,0	0,782	753	589	44 160	1552	25,87	83,8	302
	1,125	0,775	770	597	44 750	1650	27,50	100,2	361
c) Dauerleistung	0,5	0,534	510	272	20 400	1264	21,07	34,1	123
	0,6	0,630	516	325	24 370	1278	21,30	41,4	149
	0,7	0,702	525	368	27 600	1298	21,63	49,1	177
	0,8	0,746	536	400	30 000	1325	22,08	57,2	206
	0,9	0,772	551	425	31 900	1362	22,70	66,2	238
	1,0	0,782	572	447	33 550	1417	23,62	76,5	275
	1,125	0,775	600	465	34 870	1520	25,33	92,3	332

¹) Die kleinen Fortschrittsgrade haben für den Flug keine Bedeutung; sie sind im Hinblick auf die unten erfolgende Startstreckenberechnung angeführt und ausgewertet.

Ermittlung der Gipfelhöhe.

Unter der Annahme, daß die Leistung des Motors, für welchen keine Höhenleistungskurven gegeben sind nach der Beziehung

$$N_z = N_0 \cdot v$$

abnimmt, läßt sich die absolute Steighöhe bestimmen aus

$$v_g \cdot \sqrt{8 \cdot \varrho_g} = 4 \cdot \sqrt{\frac{G}{F}} \cdot \frac{G}{N_0} \cdot \frac{1}{75 \cdot \eta} \cdot \frac{1}{(c_a^{1,5}/c_{w\,ges})_{max}}.$$

In dieser Formel sind bekannt:

$$4 \cdot \sqrt{\frac{G}{F}} = 4 \cdot \sqrt{98} = 39{,}6$$

$$\frac{G}{N_0} = \frac{3290}{600} = 5{,}48.$$

Der Wirkungsgrad für den Horizontalflug in der Gipfelhöhe läßt sich vorderhand noch nicht genau bestimmen; er wird zu $\eta = 75\%$ geschätzt und kann hier das Resultat nur wenig beeinflussen, denn jede Abweichung um 0,02 bedeutet nur eine Höhendifferenz von etwa 100 m.

Das Maximum der Steigzahl oder ihrer Quadratwurzel ergibt sich bei Auftragung der in Zahlentafel XII berechneten Werte in Abb. 74 zu

$$\left(\frac{c_a^3}{c_{w\,ges}^2}\right)_{max} \approx 143 \quad \text{bzw.} \quad \left(\frac{c_a^{1,5}}{c_{w\,ges}}\right)_{max} \approx 11{,}96.$$

Zahlentafel XII.
Berechnung der Steigzahlen.

α^0	c_a	$c_{w\,ges}$	$c_a^{0,5}$	$c_a^{1,5}$	$c_a^{1,5}/c_{w\,ges}$	$c_a^3 \cdot c_{w\,ges}^2$
			$\sqrt{c_a}$	$c_a \cdot \sqrt{c_a}$		$(c_a^{1,5}/c_{w\,ges})^2$
1,5	0,126	0,0217	0,355	0,0447	2,061	4,2
3,0	0,237	0,0231	0,487	0,1154	4,996	24,9
4,5	0,340	0,0267	0,583	0,1986	7,435	55,2
6	0,456	0,0332	0,675	0,3078	9,271	85,9
9	0,665	0,0476	0,816	0,5426	11,400	130,0
12	0,875	0,0685	0,936	0,8190	11,956	142,9
15	1,073	0,0936	1,036	1,1116	11,876	141,0
18	1,222	0,1308	1,106	1,3515	10,332	106,7
21	1,169	0,2011	1,081	1,2637	6,283	39,5

Dann ist also

$$v_g \cdot \sqrt{8 \cdot \varrho_g} = \frac{39,6 \cdot 5,48}{75 \cdot 0,75 \cdot 11,96} = 3,23,$$

und aus Abb. 66 entnimmt man für diesen Wert die absolute Gipfelhöhe nach der DNA:

$$z_g = 5900 \text{ m}.$$

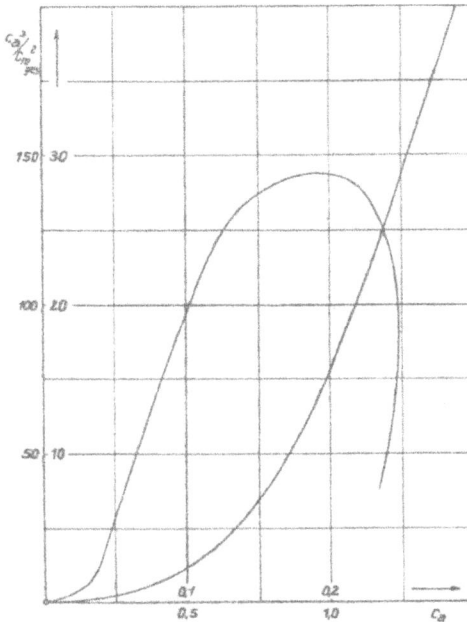

Abb. 74. Die Steigzahl in Abhängigkeit vom Auftriebsbeiwert.

Um die Waagerechtgeschwindigkeit in dieser Höhe

$$v_g = \sqrt{\frac{G}{F}} \cdot \sqrt{\frac{2 \cdot g}{\gamma_g \cdot c_{a_g}}} \qquad [\text{m/s}]$$

feststellen zu können, benötigt man das spez. Gewicht der Luft, welches sich gleichfalls aus Abb. 66 zu

$$\gamma_g = 0,658 \text{ kg/m}^3$$

bestimmt. Ferner den zum Größtwert der Steigzahl gehörigen Auftriebsbeiwert c_{a_g}; infolge des flachen Gipfels der Kurve

$c_a{}^3/c_{w_{\text{ges}}}{}^2 = f\,(c_a)$ läßt er sich nicht unmittelbar angeben und wird zweckmäßig nach der in Abschnitt 1b des II. Hauptteils angegebenen Methode ermittelt. Es ist dann nach Abb. 54

$$c_{a_g} = 0,96$$

und somit die Geschwindigkeit in Gipfelhöhe

$$v_g = 9.9 \cdot \sqrt{\frac{2 \cdot 9,81}{\gamma_g \cdot c_{a_g}}} = 55,1 \text{ m/s} \doteq 198 \text{ km/h.}$$

Schubleistung in verschiedenen Flughöhen.

Will man die Waagerechtgeschwindigkeit in einer beliebigen Höhe z berechnen, so ist hierzu die Kenntnis der jeweiligen Schraubenleistung erforderlich. Bei genauer Verfolgung der Zusammenhänge kann zum Bestimmen von $N_z \cdot \eta = f\,(v)$ derselbe Weg eingeschlagen werden wie beim Ermitteln der Schubleistung am Boden.

Die Motorbremskurve für Dauerleistung aus Abb. 73 ist nach der oben gemachten Voraussetzung, daß

$$N_z = N_e \cdot v_z,$$

in Zahlentafel XIII auf verschiedene Höhen von 1000 zu 1000 m und auf die Gipfelhöhe umgerechnet, die Kurven $N_z = f\,(n)$ sind in Abb. 75 aufgetragen. Nun kann der entsprechende Rechnungsgang wie für $z = 0$ durchgeführt und nach der Gleichung

$$N_z = c_r \cdot \frac{D^5}{75} \cdot \varrho_z \cdot \left(\frac{n}{60}\right)^3$$

für die verschiedenen Luftdichten und jeden angenommenen Fortschrittsgrad die Antriebsleistung der Luftschraube als Funktion der Drehzahl bestimmt werden[1]). Die gefundenen Schnittpunkte des Gleichgewichtes zwischen erforderlicher Schraubenantriebsleistung und zur Verfügung stehender Motorleistung sind in die Kurven der Abb. 75 eingezeichnet und durch Linien gleichen Vortriebswirkungsgrades miteinander verbunden.

---

[1]) Von einer Wiedergabe der nach Art der Tabelle X durchgeführten Berechnung ist abgesehen worden.

Zahlentafel XIII.
Motorleistung in verschiedenen Höhen.

n [min^{-1}]	$z=0$ N_0 [PS] $\nu_0=1{,}0$	$z=1000$ m N_1 [PS] $\nu_1=0{,}885$	$z=2000$ m N_2 [PS] $\nu_2=0{,}776$	$z=3000$ m N_3 [PS] $\nu_3=0{,}680$	$z=4000$ m N_4 [PS] $\nu_4=0{,}591$	$z=5000$ m N_5 [PS] $\nu_5=0{,}509$	$z_g=5900$ m N_g [PS] $\nu_g=0{,}442$
1200	480	425	372	326	284	244	212
1300	525	465	407	357	310	267	232
1400	566	501	439	385	334	288	250
1520	600	531	466	408	355	305	256

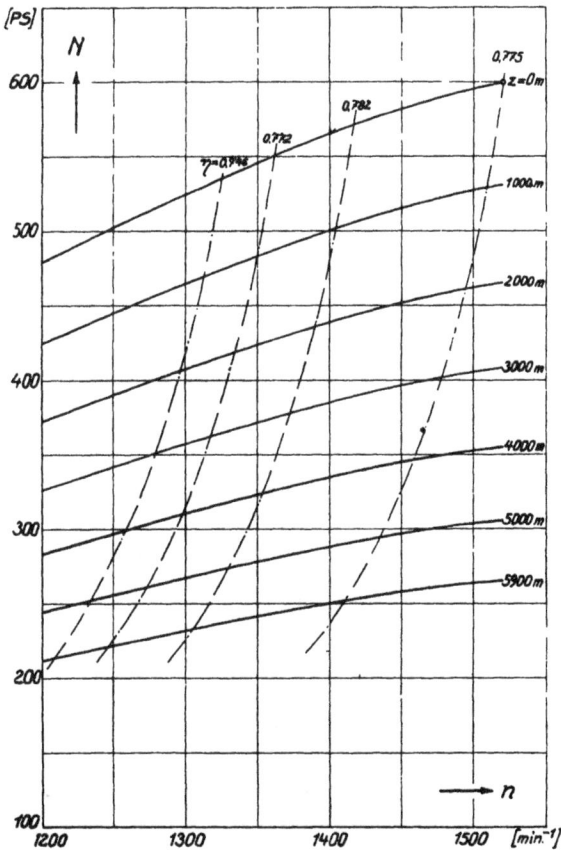

Abb. 75. Motorleistung, Drehzahl und Fortschrittsgrad (Wirkungsgrad) in verschiedenen Flughöhen.

Die weitere Rechnung (entsprechend der Zahlentafel XI) liefert schließlich die verfügbare Schubleistung bei den verschiedenen Geschwindigkeiten und man könnte $N_z = f(v)$ zusammen mit der (gleichfalls auf die jeweilige Luftdichte umgerechneten!) Kurve der erforderlichen Leistung wieder in ein Leistungsgeschwindigkeitsschaubild eintragen. Für jede betrachtete Flughöhe ergibt sich dann ein solches Pénaud-Diagramm, aus welchem alle gewünschten Leistungsdaten mit verhältnismäßig großer Genauigkeit zu entnehmen sind.

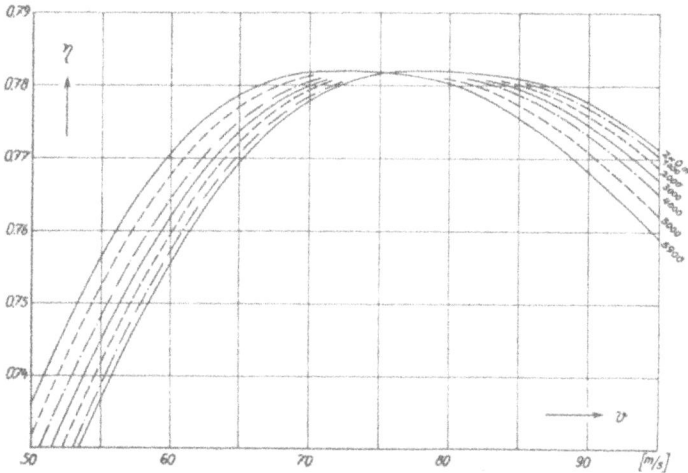

Abb. 76. Der Wirkungsgrad als Funktion der Geschwindigkeit in verschiedener Flughöhe.

Auf derart ausführliche Ermittlungen soll hier verzichtet werden und die nach Abb. 75 aus der einfachen Beziehung

$$v = \lambda \cdot \frac{n}{60} \cdot D \qquad [\text{m/s}]$$

sich ergebende Kurvenschar der Wirkungsgrade in Abhängigkeit von der Bahngeschwindigkeit in verschiedenen Höhen nur dazu verwendet werden, um Mittelwerte von η hinreichend genau abzuschätzen.

Horizontalgeschwindigkeit in beliebiger Höhe; Landegeschwindigkeit.

In Abb. 76 läßt sich erkennen, daß bei der Geschwindigkeit $v = 55,1$ m/s, wie sie für 5900 m Flughöhe berechnet wurde, der Wirkungsgrad etwas günstiger ist als der mit 75% geschätzte. Doch würde bei nochmaliger Nachrechnung mit dem größeren η nur eine unbedeutende Steigerung der Gipfelhöhe herauskommen.

Zur überschlägigen Berechnung der Waagerechtgeschwindigkeit in verschiedenen Höhen nach der Bedingung

$$\frac{c_a^3}{c_{w_{ges}}^2} = \frac{G}{F} \cdot \left(\frac{G}{75}\right)^2 \cdot \frac{2}{\varrho_z \cdot (N_z \cdot \eta)^2} = 98 \cdot \left(\frac{3290}{75}\right)^2 \cdot \frac{2}{\varrho_z \cdot (N_z \cdot \eta)^2}$$

$$\frac{c_a^3}{c_{w_{ges}}^2} \approx \frac{377\,100}{\varrho_z \cdot (N_z \cdot \eta)^2}$$

wird ein mittlerer Wirkungsgrad $\eta = 0,766$ bei konstanter Drehzahl $n = 1520$ min^{-1} zugrunde gelegt. Nachdem für jede errechnete Steigzahl der zugehörige Auftriebsbeiwert c_{a_z} aus Abb. 74 gefunden wurde, kann die Geschwindigkeit berechnet werden aus

$$v_z = \sqrt{\frac{G}{F} \cdot \frac{2 \cdot g}{\gamma_z} \cdot \frac{1}{c_{a_z}}} = \sqrt{\frac{G}{F} \cdot \frac{2 \cdot g}{\gamma_0} \cdot \frac{\gamma_0}{\gamma_z} \cdot \frac{1}{c_{a_z}}}$$

$$v_z = \frac{\sqrt{\frac{G}{F} \cdot 15,7}}{\sqrt{\frac{\gamma_z}{\gamma_0}} \cdot \sqrt{c_{a_z}}} = \frac{39,2}{\sqrt{\frac{\gamma_z}{\gamma_0}} \cdot \sqrt{c_{a_z}}} \quad [\text{m/s}].$$

Führt man zur Kontrolle die Berechnung der Zahlentafel XIV auch für die Horizontalgeschwindigkeit am Boden und in Gipfelhöhe durch, so wird natürlich die Geschwindigkeit in der Höhe z_0 etwas zu klein und in z_g zu groß herauskommen, während die Resultate in den dazwischenliegenden Höhen von 1000 bis 5000 m nur wenig von denen einer genauen Berechnung abweichen.

Setzt man zur Ermittlung der Landegeschwindigkeit den Auftriebsgrößtwert $c_{a_{max}} = 1,222$ des verwendeten Profils ein, so ergibt sich

Zahlentafel XIV. **Waagerechtgeschwindigkeit**

z [m]	N_z [PS]	$N_z \cdot \eta$	$(N_z \cdot \eta)^2$	ϱ_z	$\varrho_z \cdot (N_z \cdot \eta)^2$
	$n = 1520 \, \text{min}^{-1}$	$N_z \cdot 0{,}766$		$[\text{kg m}^{-4} \text{s}^2]$	
1000	531	406,7	165 400	0,1150	19 021
2000	466	356,6	127 160	0,1033	13 136
3000	408	312,5	97 660	0,0928	9 063
4000	355	271,6	73 770	0,0831	6 130
5000	305	233,9	54 710	0,0743	4 065

$$v_L = \sqrt{\frac{G}{F} \cdot \frac{2}{\varrho_0} \cdot \frac{1}{c_{a\max}}} = \frac{39{,}2}{1{,}106}$$

$$v_L = 35{,}4 \, \text{m/s} \equiv 127{,}4 \, \text{km/h}.$$

Diese Geschwindigkeit ist natürlich zu hoch, läßt sich aber bereits durch Verwendung von Landeklappen einfacher Bauart mit $c_{a\max} = 1{,}95$ leicht herabsetzen auf

$$v_L = \frac{39{,}2}{1{,}397} = 28{,}1 \, \text{m/s} \equiv 101{,}2 \, \text{km/h}.$$

Steiggeschwindigkeit und Steigzeit.

Die größte Steiggeschwindigkeit am Boden erhält man unmittelbar aus dem größten Abstand der Leistungskurven in Abb. 71. Für Dauerleistung ist

$$w_{\max} = \frac{L_{r\max}}{G} = \frac{16\,300}{3290} = 4{,}95 \, \text{m/s,}$$

für Kurzleistung

$$w_{\max} = \frac{27\,500}{3290} = 8{,}36 \, \text{m/s.}$$

Hat man das Leistungs-Geschwindigkeits-Schaubild nicht aufgezeichnet, so läßt sich die Steiggeschwindigkeit auch rein rechnerisch genau ermitteln nach der Beziehung

$$w = w_h - w_s = \frac{75 \cdot N_0 \cdot \eta}{G} - \sqrt{\frac{G}{F} \cdot \frac{2}{\varrho_0} \cdot \frac{1}{c_a^3/c_{w\text{ges}}^2}} \qquad [\text{m/s}].$$

Die Schubleistung der Luftschraube, $N_0 \cdot \eta$, ist für die verschiedenen Belastungen (Anstellwinkel) aus Zahlentafel XI bekannt; desgleichen die zugehörigen Geschwindigkeiten

in verschiedenen Flughöhen.

$c_a{}^3/c_w{}^2{}_{ges}$	c_{az}	$\sqrt{c_{az}}$	$\sqrt{\dfrac{\gamma_z}{\gamma_0}}$	$\sqrt{c_{az}} \cdot \sqrt{\dfrac{\gamma_z}{\gamma_0}}$	v_z [m/s]	V_z [km/h]
$\dfrac{377\,100}{\varrho_z \cdot (N_z \cdot \eta)^2}$					$\dfrac{39,2}{\sqrt{c_{az}} \cdot \sqrt{\gamma_z/\gamma_0}}$	$v \cdot 3,6$
19,82	0,218	0,467	0,950	0,444	88,29	318
28,71	0,250	0,500	0,900	0,450	87,11	314
41,61	0,294	0,542	0,853	0,462	84,85	305
61,52	0,361	0,601	0,807	0,485	80,82	291
92,77	0,485	0,697	0,764	0,532	73,68	265

v [m/s], aus welchen rückwärts der Auftriebsbeiwert

$$c_a \approx \frac{G}{F} \cdot \frac{2}{\varrho_0} \cdot \frac{1}{v^2} = \frac{98 \cdot 15,7}{v^2} = \frac{1539}{v^2}$$

bestimmt wird. Damit kann man aus Abb. 74 die Steigzahlen $c_a{}^3/c_{w_{ges}}{}^2$ bestimmen und schließlich bei den betr. Anstellwinkeln die Sinkgeschwindigkeit

$$w_s = \sqrt{98 \cdot 15,7} \cdot \frac{1}{\sqrt{c_a{}^3/c_{w_{ges}}{}^2}} = \frac{39,2}{c_a{}^{1,5}/c_{w_{ges}}} \qquad \text{[m/s]}.$$

Zahlentafel XV.

Steiggeschwindigkeiten in Bodennähe.

L_v [mkg/s]	w_h [m/s]	v_0 [m/s]	$v_0{}^2$	c_a	$c_a{}^3/c_w{}^2{}_{ges}$	$c_a{}^{1,5}/c_w{}_{ges}$	w_s [m/s]	w [m/s]
$75\ N_0 \cdot \eta$	$\dfrac{75 \cdot N_0 \cdot \eta}{3290}$			$\dfrac{1539}{v_0{}^2}$			$\dfrac{39,2}{c_a{}^{1,5}/c_w{}_{ges}}$	$w_h - w_s$
24 370	7,41	41,4	1714	0,898	143,0	11,96	3,28	4,13
27 600	8,39	49,1	2411	0,638	124,5	11,16	3,51	4,88
30 000	9,12	57,2	3272	0,470	89,1	9,44	4,15	4,97
31 900	9,70	66,2	4382	0,351	58,8	7,67	5,11	4,59

Der gleiche Rechnungsgang wie in Zahlentafel XV läßt sich sinngemäß wieder auf jede beliebige Flughöhe anwenden und liefert verhältnismäßig genaue Ergebnisse.

Eine kurze Überschlagsrechnung der größten Steiggeschwindigkeiten erhält man bei Annahme eines konstanten Anstellwinkels beim Steigen und konstanten Wirkungsgrades, der hier zu $\eta = 0,75$ geschätzt wird. Damit wird in jeder beliebigen Höhe:

$$w_z \approx \frac{75 \cdot \eta}{G} \cdot N_z - \sqrt{\frac{G}{F} \cdot \frac{2 \cdot g}{\gamma_0} \cdot \frac{\gamma_0}{\gamma_z} \cdot \frac{1}{(c_a^3/c_{wges}^2)_{max}}}$$

$$= \frac{70 \cdot 0{,}75}{3290} \cdot N_z - \frac{\sqrt{98 \cdot 15{,}7}}{\sqrt{\dfrac{\gamma_z}{\gamma_0} \cdot \left(\dfrac{c_a^{1,5}}{c_{wges}}\right)_{max}}} \cdot$$

$$\left(\frac{c_a^{1,5}}{c_{wges}}\right)_{max} = 11{,}96$$

$$w_z \approx 0{,}0171 \cdot N_0 \cdot \nu_z - \frac{3{,}275}{\sqrt{\gamma_z/\gamma_0}} \qquad [\text{m/s}].$$

In Zahlentafel. XVI sind gleichzeitig die Steigzeiten

$$\Delta t = \frac{1000}{w_m} \qquad [\text{s}]$$

stufenweise von 1000 zu 1000 m mit mittleren Steiggeschwindigkeiten w_m berechnet. Die erstiegenen Höhen sind in Abb. 67 als Funktion der Zeit aufgetragen.

Wurden die Steiggeschwindigkeiten nicht nur überschlägig, sondern nach dem genaueren graphischen Verfahren ermittelt, so lohnt es sich auch, die Steigzeitenberechnung durch Verkleinern der Stufen genauer zu gestalten.

Zahlentafel XVI.

Steiggeschwindigkeiten in verschiedener Flughöhe; Steigzeiten.

z [m]	ν_z	N_z [PS]	w_h [m/s]	$\sqrt{\dfrac{\gamma_z}{\gamma_0}}$	w_s [m/s]	w [m/s]	w_m [m/s]	Δt [s]	Δt [min]	t_z [min]
		$(n = 1326\,\text{min}^{-1})$	$0{,}0171 \cdot N_z$		$\dfrac{3{,}275}{\sqrt{\gamma_z/\gamma_0}}$	$w_h - w_s$		$\dfrac{1000}{w_m}$		
0	1,000	536,0	9,16	1,000	3,28	5,88				
1000	0,885	474,4	8,11	0,950	3,45	4,66	5,270	189	3,2	3,2
2000	0,776	415,9	7,11	0,900	3,64	3,47	4,065	246	4,1	7,3
3000	0,680	364,5	6,23	0,853	3,84	2,39	2,930	341	5,7	13,0
4000	0,591	316,8	5,42	0,807	4,06	1,36	1,875	533	8,9	21,9
5000	0,509	272,8	4,66	0,764	4,29	0,37	0,865	1156	19,3	41,2

Berechnung des Abflugvorganges.

Für den noch keine Minute dauernden gesamten Abflugvorgang und den anschließenden Steigflug bis zum Erreichen einer hindernisfreien Flughöhe steht die volle Leistung des

Motors mit der höchstzulässigen Drehzahl $n = 1650$ min^{-1} zur Verfügung. Die zugehörige Schubkraft der Luftschraube wird aus der bereits in Zahlentafel XI bestimmten »vorhandenen Schraubenleistung« bei den verschiedenen Fluggeschwindigkeiten berechnet:

$$S = \frac{L_v}{v} = \frac{75 \cdot N_0 \cdot \eta}{v} \qquad [\text{kg}].$$

Die Bahngeschwindigkeiten werden gleichzeitig auf den Staudruck

$$q = \frac{\varrho_0 \cdot v^2}{2} = \frac{v^2}{15{,}7} \qquad [\text{kg/m}^2]$$

umgerechnet und $S = f(q)$ in Abb. 77 aufgetragen.

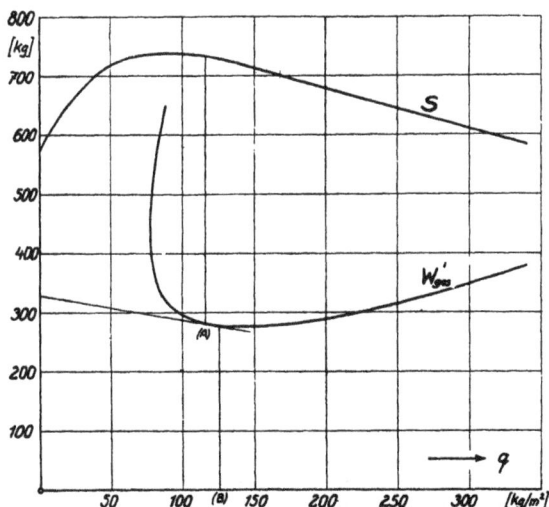

Abb. 77. Der Kräfteverlauf beim Start in Abhängigkeit vom Staudruck.

Die graphische Darstellung, welche hier nicht nur zur Kontrolle erfolgt, sondern für die kommenden Berechnungen unbedingt erforderlich ist, zeigt ein starkes Absinken der Schubkraft bei kleinen Staudrücken. Die im Umlaufwindkanal gemachten amerikanischen Propellermessungen ermöglichen ja leider nicht die Feststellung des Schraubenschubes im Stand, doch steht der durch sinngemäße Verlängerung der Kurve erhaltene ungünstige Standschub S_0 durchaus im Einklang mit den bei Schrauben großer Steigung[1]) gemachten Erfahrungen.

Zahlentafel XVII.

Verfügbarer Schraubenschub bei Höchstleistung des Motors am Boden.

λ	v [m/s]	v^2	q [kg/m²]	L_r [mkg/s]	S [kg]
			$\dfrac{v^2}{15,7}$	$75\ N_s\ \eta$	$\dfrac{75\ N_s\ \eta}{v}$
· 0,3	22,0	484	30,8	14 920	678
0,4	30,0	900	57,3	21 820	727
0,5	37,9	1436	91,5	27 900	736
0,6	45,8	2098	133,6	33 150	724
0,7	54,3	2948	187,8	37 500	691
0,8	63,2	3994	254,4	40 450	640
0,9	72,7	5285	336,6	42 550	585

Da während des Abfluges Fahrgestell und Sporn ausgefahren sind, ergibt sich ein bedeutend größerer Gesamtwiderstand W'_{ges} als im Fluge; er ist in Zahlentafel XVIII nach der Grundformel

$$W'_{ges} = c'_{wges} \cdot q \cdot F = c'_{wges} \cdot q \cdot 33,6 \qquad [\text{kg}]$$

aus dem Staudruck

$$q \approx \frac{G}{F} \cdot \frac{1}{c_a} = \frac{98}{c_a} \qquad [\text{kg/m}^2]$$

berechnet und wird in das Diagramm der waagerecht verlaufenden Kräfte beim Start eingezeichnet.

Zahlentafel XVIII.

Erforderliche Zugkraft beim Abflug.

Flugzeugpolare beim Start			q [kg/m²]	W'_{ges} [kg]
α^o	c_a	c'_{wges}	$\approx \dfrac{98}{c_a}$	$c'_{wges}\ q\ 33,6$
4,5	0,340	0,0347	288	336
6	0,456	0,0412	215	297
9	0,665	0,0556	147	275
12	0,875	0,0765	112	288
15	1,073	0,1016	91	311
18	1,222	0,1388	80	374
21	1,169	0,2091	84	588

---

[1]) Die Strömung reißt beim Standlauf ab infolge der großen Anstellwinkel der Schraubenprofile.

Vom Punkte $\mu \cdot G = 0{,}1 \cdot 3290 = 329$ kg der Ordinatenachse zeichnet man die Tangente an die Kurve $W'_{ges} = f(q)$; aus dem Berührungspunkt[1]) mit der Abszisse $q_B \approx 127$ kg/m² folgt der Auftriebsbeiwert

$$c_{a_B} \approx \frac{G}{F} \cdot \frac{1}{q_B} = \frac{98}{127} = 0{,}77$$

und damit der Anstellwinkel, welcher zur Erzielung der größtmöglichen Beschleunigung innegehalten werden muß; der zugehörige Widerstandsbeiwert ist $c'_{w_{ges}} = 0{,}065$.

In der zur Berechnung des kürzesten Rollweges verwendeten Bewegungsgleichung

$$b = \frac{\Delta v}{\Delta t} = \frac{g}{G} \cdot [S - \mu \cdot G - (c'_{w_{ges}} - \mu \cdot c_{a_B}) \cdot F \cdot q] = \frac{g}{G} \cdot P \quad [\text{m/s}^2]$$

ist nunmehr auch $c'_{w_{ges}} - \mu \cdot c_{a_B} = 0{,}065 - 0{,}1 \cdot 0{,}77 = -0{,}012$ gegeben, so daß die Beschleunigung

$$b = \frac{9{,}81}{3290} \cdot [S - 329 + 0{,}012 \cdot 33{,}6 \cdot q] = \frac{P}{335{,}4} \quad [\text{m/s}^2]$$

nach Zahlentafel XIX für mittlere Geschwindigkeiten bzw. Staudrücke berechnet werden kann. Hat das rollende Flugzeug den Staudruck $q_A = 116$ kg/m² erreicht, welcher zum α des steilsten Anstieges gehört, d. h. zum größten Abstand der Widerstands- von der Schubkraftkurve, so wird die Maschine durch leichtes »Ziehen« abgehoben. Die Zahlentafel XIX ist daher nur bis zu einem $v_m = 41{,}35$ m/s durchgeführt, welches der Geschwindigkeitsstufe

$$v_1 = 40 \text{ m/s bis } v_2 = v_A = \sqrt{\frac{2 \cdot q_A}{\varrho_0}} = \sqrt{15{,}7 \cdot 116} = 42{,}7 \text{ m/s}$$

entspricht.

---

[1]) Der Kleinstwert von $(c'_{w_{ges}} - \mu \cdot c_a)$ ergibt sich bei mathematischer Behandlung der Frage für

$$\frac{d\,c_{w_{ges}}}{d\,c_a} = \mu;$$

man erhält also die zugehörigen Beiwerte als Koordinaten des Berührungspunktes einer Tangente mit der Neigung μ an die Flugzeugpolare.

10*

Zahlentafel XIX. **Berechnung**

$v_1 \div v_2$	v_m [m/s]	$v_m{}^2$	q_m [kg/m²]	S_m [kg]	$S - \mu \cdot G$
[m/s]	$\dfrac{v_1 + v_2}{2}$		$v_m{}^2/15{,}7$		$S - 329$
$0 \div 10$	5	25	1,59	577	248
$10 \div 20$	15	225	14,33	630	301
$20 \div 30$	25	625	39,81	701	372
$30 \div 40$	35	1225	78,02	737	408
$40 \div 42{,}7$	41,35	1710	108,92	736	407

Hat man schließlich die Rollzeiten und Rollstrecken der einzelnen Geschwindigkeitsstufen berechnet und summiert man die Reihen $\varDelta t$ und $\varDelta s$, so ergibt sich ein Rollweg $s_1 \approx 795$ m in ≈ 43 s.

Die Strecke s_2 des Anstiegs bis zum Überfliegen eines 20 m hohen Hindernisses folgt aus dem größten Steigwinkel

$$\sin \gamma = \frac{(S - W'_{\text{ges}})_{\text{max}}}{G} = \frac{P_A}{G}$$

$$\sin \gamma = \frac{454}{3290} = 0{,}138 \approx \operatorname{tg} \gamma$$

und ist

$$s_2 = \frac{h}{\operatorname{tg} \gamma} = \frac{20}{0{,}138} = 145 \text{ m}.$$

Der gesamte Startweg beträgt also $s_1 + s_2 = 795 + 145 = 940$ m und übertrifft weit das in den deutschen Bestimmungen vorgeschriebene Maß[1]).

Die Berechnung mag infolge der stark gekrümmten Schraubenschubkurve etwas ungünstig ausgefallen sein, man mag auch annehmen können, daß dem Piloten durch beson-

---

[1]) Hierbei ist der Übergangsbogen vom Rollen zum Anstieg noch nicht berücksichtigt, welcher im vorliegenden Beispiel mit

$$c_{a_A} \approx \frac{G}{F} \cdot \frac{1}{q_A} \cdot = \frac{98}{116} = 0{,}855$$

eine weitere Verlängerung des Abflugweges um

$$s_3 = \frac{P_A}{\gamma_0 \cdot F \cdot (c_{a_{\text{max}}} - c_{a_i})} = \frac{454}{1{,}25 \cdot 33{,}6 \cdot (1{,}222 - 0{,}845)} = 28{,}7 \text{ m}$$

bewirkt.

der Rollstrecke.

$(c_w{'}_{ges} - \mu \cdot c_a) \cdot q \cdot F$	P [kg]	b [m/s²]	$v_2 - v_1$	$\varDelta t$ [s]	$\varDelta s$ [m]
$0{,}4032 \cdot q$	$S - \mu \ G + 0{,}4032 \ q$	$\dfrac{P}{335{,}4}$	[m/s]	$\dfrac{v_2 - v_1}{b}$	$\varDelta t \cdot \dfrac{v_1 + v_2}{2}$
0,64	248,64	0,74	10	13,5	67,5
5,78	306,78	0,91	10	10,9	163,5
16,05	388,05	1,16	10	8,6	215,0
31,46	439,46	1,31	10	7,6	266,0
43,92	450,92	1,34	2,7	2,0	82,7
				$t_1 = 42{,}7$ [s]	$s_1 = 794{,}7$ [m]

ders geschicktes Fliegen und richtige Anwendung von Landeklappen eine erhebliche Abkürzung des Abflugweges gelingt;
es bleibt doch die Tatsache bestehen, daß Schnellflugzeuge
mit einer Luftschraube von fester Steigung im Start ganz un-
zulängliche Eigenschaften haben. Hier müssen also Verstellschrauben verwendet werden, die durch Erhöhung der Drehzahl im Stand eine bessere Ausnutzung der Motorleistung
beim Abflug ermöglichen. Selbstverständlich wäre eine auf
die höchstzulässige Drehzahl sich selbsttätıg regelnde Verstellschraube am günstigsten; doch genügt vollkommen für
das vorliegende Beispiel eine der üblichen Schrauben mit zwei
im Fluge umstellbaren Blattwinkeln für Start und Schnell-
flug.

Am Gang der Berechnung ändert sich grundsätzlich
nichts, sie muß nur beim Abflug für einen zweiten Blattwinkel durchgeführt werden; auch das Kurvenblatt Abb. 62
behält seine Gültigkeit.

Genauigkeit der Leistungsberechnungen.

Vergleicht man die berechneten Flugleistungen mit den
Ergebnissen von Versuchsflügen der betr. Maschinen, so stimmen im allgemeinen die Horizontalgeschwindigkeiten recht
gut überein. Größere Abweichungen zeigen sich dagegen stets
bei den Abflug- und Landevorgängen sowie beim Steigflug,
besonders in geringen Höhen. Die Ursache hierfür ist zunächst
in den geflogenen Steiggeschwindigkeiten zu suchen, denn es
ist eine bekannte Tatsache, daß selbst sehr gute Piloten die
Steigfähigkeit eines Flugzeuges in Bodennähe nicht voll aus-

nutzen; besser wird die Maschine in größeren Höhen aus-
geflogen und dort stimmt auch die Rechnung mit den Flug-
ergebnissen überein. Es ist begründet, noch weitere Ursachen
für die Abweichungen bei den Meßflügen zu vermuten; man
denke nur an die jedem Segelflieger wohlbekannten auf- oder
absteigenden Luftströmungen, die sehr leicht die zahlenmäßigen
Ergebnisse eines Meßfluges verfälschen können.

Die früher zur Erklärung von Unstimmigkeiten heran-
gezogenen Einflüsse des Schraubenstrahls und der Luftschrau-
bendeformation können bei richtiger Verwendung der Pro-
pellermessungsergebnisse nicht mehr von Belang sein; doch
darf man nicht vergessen, daß selbst Flugmotoren gleicher
Serie in den Bremsleistungen bis 5% voneinander abweichen.

Fehlerhafte Rechnungsergebnisse sind vielfach in der
unzulässigen Übertragung von Windkanalmessungen auf die
große Ausführung begründet (nicht übereinstimmende Reynolds-Zahlen!). Ferner machen sich natürlich die vielen Vereinfachungen von Grundbeziehungen und Formeln bemerkbar,
die zur Erzielung besserer Übersicht und praktisch verwend-
barer Gleichungen unerläßlich sind; es sei nur an die Einführung der Normalatmosphäre erinnert, an die einfache Formel
der Motorleistungsabnahme mit der Flughöhe usw.

Die Bedeutung einer rechnerischen Vorausbestimmung
der Flugleistungen wird auch durch mäßige Abweichungen
von später erfolgten Flugversuchen in keiner Weise geschmä-
lert; denn der Ingenieur braucht fast immer nur die verhältnis-
mäßigen Leistungen seiner Entwürfe und selten die absolute
Größe der zu erwartenden Leistungen.

Dritter Hauptteil.

Momentengleichgewicht und Stabilitäts-
berechnung.

Abschnitt 1. Momentenausgleich, Stabilität und Steuerung.

Beim Aufstellen der Gleichgewichtsbedingungen für den gleichförmigen Geradeausflug ist in den vorhergehenden Hauptteilen als gegebene Tatsache zunächst hingenommen worden, daß die Summe aller Momente in der durch die Flugbahn gelegten senkrechten Ebene Null ist. Wählt man zur Kontrolle dieses Momentenausgleichs den Flugzeugschwerpunkt als Bezugspunkt, so fällt damit der Einfluß des Gewichtes aus den Gleichgewichtsbetrachtungen heraus, und es bleiben als um den Schwerpunkt drehende Kräfte beim Gleitflug die Resultierende aller Luftkräfte am Tragflügel R und aller schädlichen Widerstände W_s übrig, im Motorflug außerdem die Schraubenzugkraft S.

Der Längsmomentenausgleich ist bei normal ausgeführten Flugzeugen nicht schwer zu erreichen, denn die Mittellinien der angegebenen Gesamtkräfte verlaufen entweder genau durch den Flugzeugschwerpunkt oder nur in geringem Abstand. Bei den weitaus meisten Maschinen wird das verbleibende Moment um den Schwerpunkt durch Anbringen eines Höhenruders ausgeglichen, welches bei den verschiedenen Anstellwinkeln der möglichen Flugzustände durch meist nur geringfügige Steuerausschläge das Gleichgewicht herzustellen gestattet. Infolge des verhältnismäßig großen Leitwerksabstandes vom Schwerpunkt der Maschine brauchen die vom Höhenruder ausgeübten Luftkräfte nur klein zu sein; sie spielen im Vergleich mit den oben aufgezählten anderen Kraftkomponenten keine Rolle und wurden also mit Recht beim Aufstellen des Kräftegleichgewichtes vernachlässigt.

Über den Längsmomentenausgleich hinaus verlangt man aber noch, daß die Flugzustände einer stationären Bewegung stabil[1]) sind. In bezug auf den bis jetzt ausschließlich betrachteten, gradlinigen und unbeschleunigten Flug würde die Stabilität dann vorhanden sein, wenn bei geringfügigen Störungen des Gleichgewichts (um die Querachse) das Flugzeug selbsttätig in die ursprüngliche Lage zurückkehrt. Man bezeichnet diese Eigenschaft als statische Längsstabilität und vernachlässigt dabei die Tatsache, daß jede noch so kleine Zu- oder Abnahme des Anstellwinkels gleichzeitig eine Änderung der Fluggeschwindigkeit bewirkt. Die Längsstabilität wird bei allen üblichen Flugzeugbauarten erzielt durch Anbringen einer feststehenden Dämpfungsfläche[2]), auch Höhenflosse genannt, am Ende des Rumpfes vor dem Höhenruder.

Bei den sog. Entenflugzeugen ist das aus Flosse und Ruder bestehende Höhenleitwerk an der Spitze des Rumpfes vor dem Tragflügel angebracht; bei den schwanzlosen Flugzeugbauarten wird die Längsstabilität durch eine Sonderausführung des Tragflügels erreicht, meist Pfeilform in Verbindung mit geometrischer bzw. aerodynamischer Schränkung. Die Längsstabilität ist von großer Bedeutung für die Flugsicherheit einer Maschine und muß daher für Segel- und Motorflugzeuge rechnerisch nachgewiesen werden.

Den drei räumlichen Achsen eines Flugzeuges entsprechend kann man ferner eine Querstabilität um die Längsachse und eine Kursstabilität um die Hochachse unterscheiden. Querstabil wird eine Maschine durch geeignete Ausführung der Tragflügel — sog. V-Form, hochgekrümmte Flächenenden oder auch Schränkung — und tiefliegenden Gesamtschwerpunkt. Kursstabilität wird im wesentlichen durch die Seiten- oder Kielflosse und ebene Rumpfseitenwände erzeugt.

Die Stabilität um die verschiedenen Flugzeugachsen darf aber auch ein dem Verwendungszweck der betreffenden Maschine entsprechendes Maß nicht übersteigen; Verkehrs- und Schulflugzeuge bedürfen einer größeren Stabilität als beispiels-

---

[1]) Wie aus der Mechanik starrer Körper bekannt ist, könnte dieser Gleichgewichtszustand auch labil, instabil oder indifferent sein.

[2]) Die Erfindung der Höhenflosse wird Pénaud zugeschrieben.

weise kunstflugtaugliche Maschinen, für welche u. U. indiffe-
rente Gleichgewichtszustände erwünscht sind. Bei groben
Störungen des Gleichgewichtes stehen dem Piloten Höhen-,

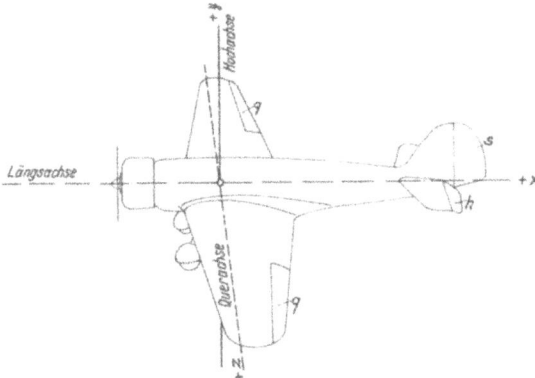

Abb. 78. Die räumlichen Achsen des Flugzeuges.

Quer- und Seitenruder (nach Abb. 78: *h*, *q* und *s*) zur Verfügung, mit deren Hilfe er sein Flugzeug in die Normallage
zurückbringen kann. Übertriebene Stabilität ist für ein Flugzeug ebenso unangebracht, wenn auch nicht so gefährlich, wie
instabile Gleichgewichtszustände.

Abschnitt 2. Statische Längsstabilität.

a) Flügelmoment.

Das von den Luftkräften am Tragflügel ausgeübte Moment
war ursprünglich (vgl. Abb. 14) auf den vordersten Punkt der
Tragflügelsehne bezogen worden; es ist jetzt auf den Gesamtschwerpunkt des Flugzeuges umzurechnen. Nach Abb. 79 ergibt sich mit den früher benutzten Bezeichnungen der Luftkraftkomponenten und ihres Abstandes vom Bezugspunkt die
einfache Beziehung

$$M_F = - N \cdot (r - e) - T \cdot h,$$

worin *r* den in Richtung der Profilsehne gemessenen Abstand
des Flugzeugschwerpunktes vom früher benutzten Momentenbezugspunkt und *h* den Abstand von der Profilsehne bezeichnet.
Die Vorzeichen für *r* und *h* sind wie in der Abbildung einzu-

setzen; bei Tiefdeckern und Unterflügeln von Doppeldeckern wird damit h negativ zu rechnen sein. In der gesamten Stabilitätsberechnung sollen kopflastige Momente um den Flugzeugschwerpunkt positiv, steuerlastige also negativ bezeichnet werden. Durch Einsetzen der im Abschnitt 2c des I. Hauptteiles abgeleiteten Grundgleichungen für Normalkraft, Tangential-

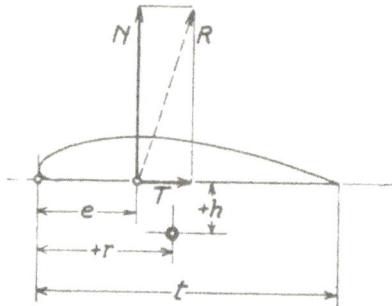

Abb. 79. Umrechnung des Flügelmomentes auf den Flugzeugschwerpunkt.

kraft und Druckmittelabstand in die obenstehende Formel ergibt sich

$$M_F = -c_n \cdot q \cdot F \cdot \left(r - t \cdot \frac{c_m}{c_n} \right) - c_t \cdot q \cdot F \cdot h$$

$$M_F = q \cdot F \cdot (-c_n \cdot r + t \cdot c_m - c_t \cdot h)$$

$$M_F = q \cdot F \cdot t \cdot \left(c_m - \frac{r}{t} \cdot c_n - \frac{h}{t} \cdot c_t \right).$$

Die Größen $\frac{r}{t}$ und $\frac{h}{t}$ werden mit Schwerpunkts-Rücklage bzw. Hochlage bezeichnet. Setzt man den dimensionslosen Klammerausdruck

$$c_m - \frac{r}{t} \cdot c_n - \frac{h}{t} \cdot c_t = c_{ms},$$

so erhält man mit diesem auf den Flugzeugschwerpunkt bezogenen Momentenbeiwert des Tragflügels die Gleichung

$$M_F = c_{ms} \cdot q \cdot F \cdot t \qquad \text{[mkg]}.$$

Bei Tragflügeln von beliebigem Grundriß mit über die ganze Spannweite gerade durchlaufender Druckmittellinie ist für t

natürlich eine mittlere Tiefe, also $t = \dfrac{F}{b}$ einzusetzen. Hat aber die zu berechnende Fläche entweder Pfeil- oder V-Stellung oder vereinigt sie gar beide Formen, so ist auch die Rücklage und Hochlage des Schwerpunktes für jeden Flügelquerschnitt verschieden. In diesem Falle ist es üblich, die Flügeltiefe t, sowie r und h an dem Profil im Abstand $\dfrac{2 \cdot b}{3 \cdot \pi} = 0{,}212 \cdot b$ von Flügelmitte zu messen. Wie in Abb. 80 dargestellt ist, ent-

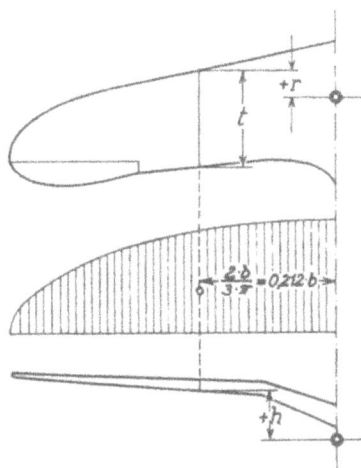

Abb. 80. Bestimmung von Tiefe, Schwerpunktsrück- und -Hochlage am Profil unter dem Auftriebsschwerpunkt.

spricht diese Stelle der Schwerpunktslage einer als elliptisch angenommenen Auftriebsverteilung für jede Flügelhälfte.

Die mit solchen Mittelwerten berechneten Flügelmomente um den Flugzeugschwerpunkt werden schließlich auf die Einheit des Staudruckes bezogen

$$\frac{M_F}{q} = c_{m_s} \cdot F \cdot t \qquad [\text{m}^3]$$

und in einem Diagramm als Kurve über dem Anstellwinkel α aufgetragen. Bei Doppeldeckern werden für Ober- und Unter-flügel die Wertereihen $\dfrac{M_{F_o}}{q}$ und $\dfrac{M_{F_u}}{q}$ getrennt berechnet, dann auf eine gemeinsame Achse, entweder die Profilsehne des Oberflügels oder die Halbierende des Schränkungswinkels be- zogen und unter Berücksichtigung des jeweiligen Vorzeichens zum $\dfrac{M_{r_D}}{q}$ des Doppeldeckers zusammengesetzt.

b) Leitwerksmoment.

Den Hauptanteil zum Ausgleich des Flügelmomentes liefert die verhältnismäßig kleine, aber an einem langen Hebel- arm wirkende Höhenleitwerkskraft. Besitzt das Leitwerk einen unsymmetrischen Querschnitt, was aus den im nächst- folgenden Abschnitt besprochenen Gründen selten vorkommt, so wird sein um den Flugzeugschwerpunkt drehendes Moment wie das eines kleinen Tragflügels von bestimmtem Profil und Seitenverhältnis berechnet.

Der Einfluß der Tangentialkraft und die Druckmittel- wanderung können für jede Leitwerksbauart vernachlässigt werden; man setzt dann als Hebelarm der genau zu ermitteln- den Normalkraft des Höhenleitwerks den Abstand l_H der Ruderachse vom Flugzeugschwerpunkt ein.

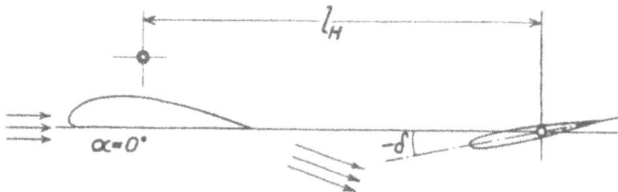

Abb. 81. Leitwerkshebelarm und Schränkungswinkel der Höhenflosse.

Bei Leitwerken mit symmetrischem Querschnitt be- folgt im normalen Flugbereich das Moment

$$M_H = c_{n_H} \cdot q \cdot F_H \cdot l_H$$

ein lineares Gesetz in Abhängigkeit vom Anstellwinkel. Da bei diesen Profilen die Normalkraft und damit auch das Mo- ment für $\alpha = 0^0$ verschwindet, ergibt sich die Gleichung

$$\frac{M_H}{q} = c_{n_H} \cdot F_H \cdot l_H$$

bei entsprechender Auftragung wie das Flügelmoment mit hinreichender Genauigkeit als Gerade durch den Koordinatenanfang. Der Tangens ihres Neigungswinkels gegenüber der α-Achse ist für jeden beliebigen Punkt im üblichen Anstellwinkelbereich gegeben durch die Beziehung[1])

$$\frac{\Delta \dfrac{M_H}{q}}{\Delta \alpha^0} = \frac{\Delta c_{n_H}}{\Delta \alpha^0} \cdot F_H \cdot l_H.$$

Es liegt in der Natur der symmetrischen Querschnitte, daß der Verlauf von c_{n_H} als Funktion vom Anstellwinkel nur wenig von der Umrißform, in größerem Maße vom Seitenverhältnis des Höhenleitwerks abhängig ist. Die Neigung der Leitwerks-

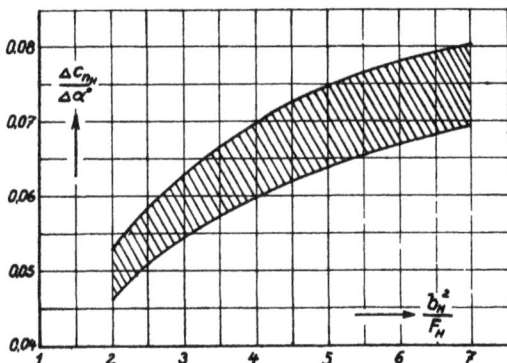

Abb. 82. Gemessene Werte $\dfrac{\Delta c_{n\,H}}{\Delta \alpha^0}$ in Abhängigkeit von der Seitenverhältniszahl des Höhenleitwerks.

geraden kann natürlich für ein gewähltes Profil exakt ausgerechnet werden; in vielen Fällen genügt es, den Wert $\dfrac{\Delta c_{n_H}}{\Delta \alpha^0}$ für das gegebene Seitenverhältnis des Höhenleitwerks aus dem

---

[1]) Die mathematische Ausdrucksform dieses Zusammenhanges ist der partielle Differentialquotient

$$\frac{\delta \left(\dfrac{M_H}{q} \right)}{\delta \alpha} = \frac{\delta c_{n_H}}{\delta \alpha} \cdot F_H \cdot l_H.$$

schraffierten Bereich der Abb. 82 zu entnehmen, wobei die
kleineren Zahlen zu neuzeitlicheren Ausführungsformen gehören.

Meist ist die Höhenflosse gegenüber der Tragflügelsehne
um einen Winkel δ geschränkt; das ändert natürlich nichts an
der Neigung der Leitwerksgeraden, die nur parallel um den
Winkel δ nach rechts oder links zu verschieben ist. Beim vor-

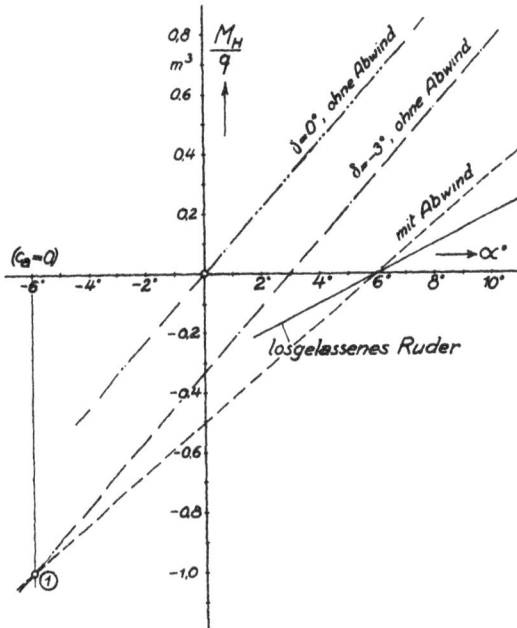

Abb. 83. Ermittlung der endgültigen Leitwerksgeraden mit Rücksicht auf
Schränkung, Abwind und losgelassene Steuerung.

liegenden Beispiel ist in Abb. 81 die Schränkung negativ angegeben; erhält die Tragflügelsehne den Anstellwinkel $\alpha = + \delta$
gegenüber der Bewegungsrichtung des Flugzeuges, so wird der
geometrische Anstellwinkel des Höhenleitwerks und damit sein
Moment in dieser Fluglage gleich Null. Die Gerade $\dfrac{M_H}{q} = f(\alpha)$
ist also in diesem Falle mit gleichbleibender Neigung um δ^0
nach rechts zu verschieben (vgl. Abb 83).

Aber auch jetzt sind Flügel- und Leitwerksmomenten-
linie noch nicht so weit in Übereinstimmung gebracht, daß man
sie beide über dem gleichen Anstellwinkel auftragen könnte.
Das Höhenleitwerk liegt ja im Abwindgebiet hinter der Tragfläche und sein wirksamer Anstellwinkel ist kleiner als der
geometrische. Die Leitwerksgerade wird also unter Berücksichtigung des Tragflügelabwindes flacher gegen die α-Achse
verlaufen müssen, und zwar mit einer Neigung

$$\frac{\Delta c_{n_H}}{\Delta \alpha^0} \cdot F_H \cdot l_H \cdot \xi,$$

worin $\xi < 1$ einen aus der Zirkulationstheorie sich ergebenden
Faktor bezeichnet, auf dessen Ableitung hier verzichtet werden

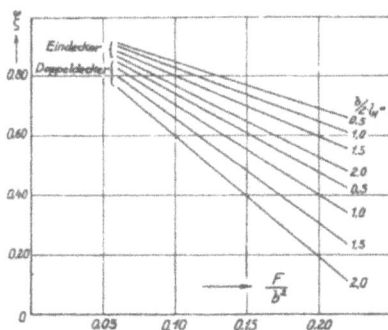

Abb. 84. Abminderungsfaktor ξ zur Berücksichtigung des Abwindes.

muß. Er ist bei Eindeckern aus der Formel

$$\xi = 1 - 0{,}73 \cdot \frac{t}{b} \cdot \left[1 + \sqrt{1 + \left(\frac{b}{2 \cdot l_H}\right)^2}\right],$$

bei Doppeldeckern aus

$$\xi = 1 - 0{,}73 \cdot \left\{\frac{t_0}{b_0} \cdot \left[1 + \sqrt{1 + \left(\frac{b_0}{2 \cdot l_H}\right)^2}\right]\right.$$
$$\left. + \frac{t_u}{b_u} \cdot \left[1 + \sqrt{1 + \left(\frac{b_u}{2 \cdot l_H}\right)^2}\right]\right\}$$

zu berechnen, kann aber auch aus der Abb. 84 entnommen
werden, wo er in Abhängigkeit vom Seitenverhältnis des Tragflügels und $\frac{b}{2 \cdot l_H}$ dargestellt ist.

Nur ein Punkt der vorher gezeichneten Leitwerksgeraden bleibt erhalten, wenn man zur Berücksichtigung des Abwindes übergeht; dieser Punkt gehört zu dem Anstellwinkel des Tragflügels, für welchen $c_a = 0$ ist. Denn nach der bei Ableitung der Formel des induzierten Widerstandes verwendeten Theorie ist der Auftrieb die Reaktion auf den Impuls der abwärtsgeschleuderten Luftmenge, und infolgedessen ist kein Abwind vorhanden bei dem Flügelanstellwinkel, für welchen der Auftrieb Null wird. In Abb. 83 ist dieser Winkel mit $\alpha = -6^0$ angenommen und die neue Leitwerksgerade vom Schnittpunkt ① ausgehend mit der geringeren Neigung auf Grund des Abwindes eingezeichnet.

Von manchen Flugzeugen wird gefordert, daß sie mit losgelassener Steuerung stabil sind. Da das Höhenruder dann nicht mehr in seiner Normallage festgehalten ist, tritt eine weitere Verkleinerung der Leitwerksmomente und eine Neigungsverminderung der Leitwerksgeraden im Verhältnis $\varkappa$ ein. Das losgelassene Ruder kann nur noch durch sein um die Ruderachse drehendes Eigengewicht ein Moment aufbringen, welches stets klein[1]) und zu vernachlässigen ist. Der Verminderungsfaktor $\varkappa$ wird infolgedessen durch das Größenverhältnis des Ruders zum gesamten Höhenleitwerk bestimmt:

$$\varkappa = 1 - \frac{F_{H_r}}{F_H}.$$

Sind zur Herabsetzung der Ruderkräfte sog. Ausgleichsflächen vorgesehen, so müssen diese sinngemäß von der Gesamtruderfläche subtrahiert werden; es ist dann mit den Bezeichnungen der Abb. 85:

$$\varkappa = 1 - \frac{F_{H_r} - 2 \cdot F_{H_a}}{F_H}.$$

Die Gerade des Leitwerksmomentes erhält damit die noch flachere Neigung

$$\frac{\Delta c_{n_H}}{\Delta \alpha^0} \cdot F_H \cdot l_H \cdot \xi \cdot \varkappa,$$

wobei diesmal der Wert $\frac{M_H}{q} = 0$ unverändert bleibt; denn

---

[1]) Das ist die Folge eines durch Drehachsen-Zurückverlegung angestrebten Ruder-Massenausgleichs, welcher zur Vermeidung von Schwingungserscheinungen durchgeführt werden muß.

wenn das ganze Höhenleitwerk unbelastet ist, spielt es auch keine Rolle, ob das Ruder in der Normalstellung festgehalten wird oder frei schwingt.

Liegt wie bei der üblichen Flugzeugausführung der Motor in der Rumpfspitze, Leitwerk und Flügelmittelteil, also im Schraubenstrahl, so wird im Vollgasflug einesteils der Staudruck am Leitwerk größer als der am Tragflügel, also auch M_H größer und die Leitwerksgerade müßte steiler ansteigen; andererseits ergibt sich aber am Mittelflügel eine so starke Ver-

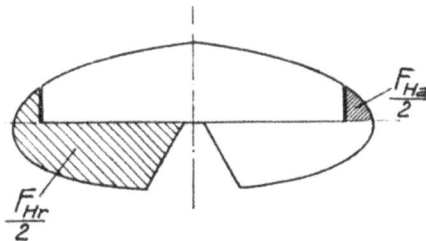

Abb 85 Bezeichnung der Höhenleitwerks-Teilflächen

größerung des Abwindwinkels, daß u. U. die Wirkung ins Gegenteil verkehrt, d. h. das Leitwerksmoment gegenüber dem Flug mit leerlaufendem Motor noch verkleinert wird. Eine rechnerische Berücksichtigung dieses Schraubenstrahleinflusses kann daher in einwandfreier Form nicht vorgenommen werden. Das gleiche gilt für die zahlenmäßige Abschätzung der sog. Abschirmwirkung, die der Flugzeugrumpf auf das Höhenleitwerk ausübt. Beiden Einflüssen wird zweckmäßig durch eine Vergrößerung der Leitwerksgeradenneigung über das unbedingt erforderliche Maß hinaus Rechnung getragen.

c) Gesamtmoment und Stabilitätsbedingung.

Zur Feststellung der statischen Längsstabilität von Segelflugzeugen und Motormaschinen normaler Bauart im Gleitflug genügt die Kenntnis des Flügel- und Leitwerkmomentes, also der in einem Diagramm über dem Flügelanstellwinkel aufgezeichneten $\dfrac{M_F}{q}$ - und $\dfrac{M_H}{q}$ -Kurven. Verläuft dagegen die Resultierende der schädlichen Widerstände (wie es z. B. bei Schwimmerflugzeugen der Fall ist) oder die Luftschraubenachse (beispielsweise bei Flugbooten) in größerem Abstand vom Flugzeugschwerpunkt, so sind für Stabilitätsberechnungen des Gleit- und Motorfluges diese zusätzlichen Momente unter Berücksichtigung ihres Vorzeichens (vgl. Ab] 86) mit dem Flügelmoment zusammenzufassen.

Im Gleitflug ist die Bremskraft S' der leerlaufenden Luftschraube zu bestimmen als Widerstand der Propellerkreisfläche F_{sch}:

$$S' = c_{w_{sch}} \cdot q \cdot F_{sch} \qquad [kg].$$

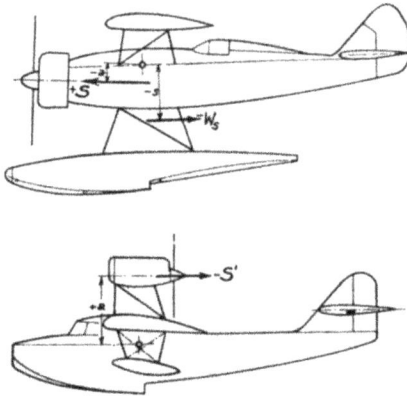

Abb. 86. Zusätzliche Momente um den Flugzeugschwerpunkt, hervorgerufen durch
a) schädlichen Widerstand der Schwimmer und Schraubenzug,
b) Bremswirkung der leerlaufenden Schraube.

Der Beiwert $c_{w_{sch}}$ ist hierbei mit hinreichender Genauigkeit 0,1 zu setzen, während für q ein zu mittlerer Gleitgeschwindigkeit gehöriger Staudruck anzunehmen ist. Im Motorflug ist der Schraubenschub[1]) unter Zugrundelegung einer normalen Horizontalgeschwindigkeit zu berücksichtigen.

Liegt der Motor in der Rumpfspitze und handelt es sich nicht gerade um ein Schwimmerflugzeug, so wird man von einer Berücksichtigung der Schub- bzw. Bremskraft der Schraube und dem Moment des schädlichen Widerstandes absehen können; eine durch den Brennstoffverbrauch hervorgerufene

---

[1]) Nach einer der im II. Hauptteil, Abschnitt 2b bzw. c hergeleiteten Formeln.

Schwerpunktsverschiebung hat u. U. eine größere Auswirkung als die zusätzlichen Momente von S bzw. S' und W_{ges} bei normal ausgeführten Flugzeugen.

An Hand des über dem Flügelanstellwinkel aufgetragenen resultierenden Momentes um den Flugzeugschwerpunkt läßt sich nun die Art des Gleichgewichts bei einem Flugzustand bestimmen. Das Flugzeug ist längsstabil, sofern bei Anstellwinkelvergrößerung ein kopflastiges Moment entsteht. Diese

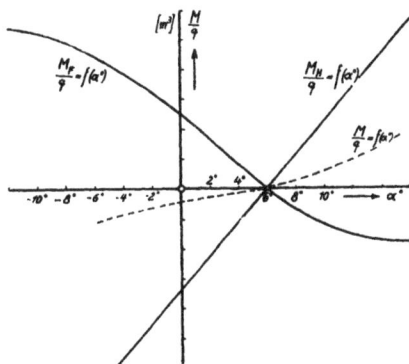

Abb. 87. Momentenverlauf bei einem stabilen Flugzeug.

Stabilitätsbedingung ist dann erfüllt, wenn die Kurve des resultierenden Momentes $\dfrac{M}{q}$ über α nach rechts ansteigt[1]), denn dies bedeutet, daß bei einem Aufbäumen des Flugzeuges das positive Moment anwächst und die Maschine in die Normallage zurückdreht. Würde die $\dfrac{M}{q}$-Kurve nach rechts abfallen, so würde das Gegenteil eintreten, die Maschine wäre also instabil; bei gradlinigem Verlauf der resultierenden Momentenlinie parallel zur α-Achse würde die Maschine im indifferenten Gleichgewicht sein.

Zur Erzielung statischer Längsstabilität muß also im Anstellwinkelbereich des normalen Fluges die Leitwerksgerade

---

[1]) Die mathematische Formulierung lautet

$$\frac{\partial\left(\dfrac{M}{q}\right)}{\partial\alpha} > 0.$$

11*

steiler gegen die α-Achse verlaufen als die — gegebenenfalls noch die Zusatzmomente enthaltende — $\dfrac{M_F}{q}$-Kurve.

Anzustreben[1]) ist ein Momentendiagramm, bei welchem Leitwerks- und Flügelkurve sich im Anstellwinkel desjenigen Flugzustandes, für den die Stabilität gefordert wird, auf der Abszissenachse schneiden. Dann ist für dieses α der Längsmomentenausgleich vorhanden, ohne daß beispielsweise durch einen Ruderausschlag eine gewisse Kopf- oder Schwanzlastigkeit ausgeglichen werden muß und dadurch unnütz Energie verbraucht wird. Durch Änderung der Schwerpunktsrücklage $\dfrac{r}{t}$ erreicht man leicht die gewünschte Lage der $\dfrac{M_F}{q}$-Kurve[2]). Zweckmäßig wird dann die Leitwerksgerade mit der aus dem Entwurf sich ergebenden Neigung

$$\frac{\Delta c_{n_H}}{\Delta \alpha^0} \cdot F_H \cdot l_H \cdot \xi \cdot (\varkappa)$$

durch den betreffenden Punkt (in der Abb. 83 beispielsweise $\alpha = +6^0$) gezeichnet und, wenn die Stabilität den Anforderungen entspricht, in umgekehrter Reihenfolge rechnend der Einstellwinkel δ der Höhenflosse ermittelt. Sollte keine Stabilität oder nur unzureichende vorhanden sein, so läßt sich dieser Mangel durch Vergrößern des Leitwerkmomentes, d. h. von F_H oder l_H ohne weiteres beheben.

d) Berechnungsbeispiel.

Für das im II. Hauptteil Abschnitt 1c berechnete Segelflugzeug soll festgestellt werden, ob ausreichende Stabilität vorhanden ist und der Einstellwinkel der Höhenflosse ermittelt werden.

Zur Berechnung des auf den Flugzeugschwerpunkt bezogenen Flügelmomentes sind neben den aus dem Entwurf gegebenen Größen der Tragfläche und ihrer mittleren Tiefe, sowie der Schwerpunktsrück- und Hochlage die Beiwerte c_m,

---

[1]) Für Maschinen, welche mit losgelassenem Ruder stabil fliegen sollen, ist diese Forderung unbedingt zu erfüllen.

[2]) Eine Änderung der Schwerpunktshochlage ist nur im Sturzflug von nennenswertem Einfluß.

Zahlentafel XX.

Berechnung der Beiwerte c_n und c_t des Flügels.

$$c_n = c_a \cdot \cos\alpha + c_w \cdot \sin\alpha$$
$$c_t = -c_a \cdot \sin\alpha + c_w \cdot \cos\alpha$$

α^0	$\cos\alpha$	$\sin\alpha$	c_a	c_w	$c_a \cdot \cos\alpha$	$c_w \cdot \sin\alpha$	c_n	$c_a \cdot \sin\alpha$	$c_w \cdot \cos\alpha$	c_t
— 5,2	0,99589	— 0,09063	0,286	0,0169	0,2848	— 0,0015	0,283	— 0,0259	0,0168	0,0427
— 3,9	0,99768	— 0,06801	0,388	0,0182	0,3871	— 0,0012	0,386	— 0,0264	0,0182	0,0446
— 2,7	0,99889	— 0,04711	0,500	0,0206	0,4994	— 0,0010	0,498	— 0,0235	0,0206	0,0441
— 1,4	0,99970	— 0,02443	0,605	0,0243	0,6048	— 0,0006	0,604	— 0,0148	0,0243	0,0391
— 0,2	1,00000	— 0,00349	0,715	0,0287	0,7150	— 0,0001	0,715	— 0,0025	0,0287	0,0312
+ 1,1	0,99981	+ 0,01919	0,820	0,0335	0,8198	+ 0,0006	0,820	+ 0,0157	0,0335	0,0178
2,4	0,99912	0,04187	0,925	0,0399	0,9242	0,0017	0,926	0,0387	0,0399	0,0012
3,6	0,99802	0,06279	1,025	0,0472	1,0230	0,0030	1,026	0,0644	0,0471	— 0,0173
6,2	0,99415	0,10800	1,211	0,0630	1,2039	0,0068	1,211	0,1308	0,0626	— 0,0682
8,7	0,98850	0,15126	1,390	0,0838	1,3740	0,0127	1,387	0,2102	0,0828	— 0,1275

c_n und c_t erforderlich. Während die auf den vordersten Punkt der Profilsehne bezogenen Momentenzahlen unmittelbar den Messungsergebnissen des verwendeten Querschnitts Gött. 535 zu entnehmen sind, müssen die Beiwerte c_n und c_t aus der Flügelpolare berechnet werden.

Die in Tabelle XX durchgeführte Ermittlung (besondere Aufmerksamkeit ist den Vorzeichen der sin-α-Werte zu schenken!) zeigt, daß im Anstellwinkelbereich der üblichen Flugzustände die Normalkraftzahlen c_n nur wenig von den Auftriebszahlen c_a abweichen; man kann also bei derartigen Ermittlungen mit hinreichender Genauigkeit $c_n \approx c_a$ setzen.

Zahlentafel XXI.

Berechnung des Tragflügelmomentes.

$$\frac{M_F}{q} = F \cdot t \cdot c_{m_s} = F \cdot t \cdot \left(c_m - \frac{r}{t} \cdot c_n - \frac{h}{t} \cdot c_t \right)$$

$$t = \frac{F}{b} = \frac{13,1}{12} = 1,09 \text{ m} \qquad\qquad \frac{r}{t} = \frac{0,42}{1,09} = 0,386$$

$$F \cdot t = 13,1 \cdot 1,09 = 14,3 \text{ m}^2 \qquad\qquad \frac{h}{t} = \frac{0,56}{1,09} = 0,513$$

Beiwerte des Tragflügels				$\frac{r}{t} \cdot c_n$	$\frac{h}{t} \cdot c_t$	c_{m_s}	M_F/q [m³]
α^o	c_n	c_t	c_m	$0,386\ c_n$	$0,513\ c_t$	$c_m - \frac{r}{t} \cdot c_n - \frac{h}{t} c_t$	$14,3\ c_{m_s}$
−5,2	0,283	0,0427	0,193	0,1092	0,0219	0,062	0,887
−3,9	0,386	0,0446	0,216	0,1490	0,0229	0,044	0,629
−2,7	0,498	0,0441	0,244	0,1922	0,0226	0,029	0,415
−1,4	0,604	0,0391	0,268	0,2331	0,0201	0,015	0,214
−0,2	0,715	0,0312	0,298	0,2760	0,0160	0,006	0,086
+1,1	0,820	0,0178	0,326	0,3165	0,0091	0,000	0,000
2,4	0,926	0,0012	0,350	0,3574	0,0006	−0,008	−0,114
3,6	1,026	−0,0173	0,376	0,3960	−0,0089	−0,011	−0,157
6,2	1,211	−0,0682	0,424	0,4674	−0,0350	−0,008	−0,114
8,7	1,387	−0,1275	0,472	0,5354	−0,0654	+0,002	+0,029

Die Flügelmomenten-Kurve $\frac{M_F}{q} = f(\alpha)$ ist in Tabelle XXI berechnet und in Abb. 88 aufgetragen; sie geht bei $\alpha \approx +0,8^o$ durch Null. Das ist ein Anstellwinkel, bei welchem die Maschine (vgl. Tabelle VII!) etwa den flachsten Gleitwinkel hat und welcher daher für den Längsmomentenausgleich sehr ge-

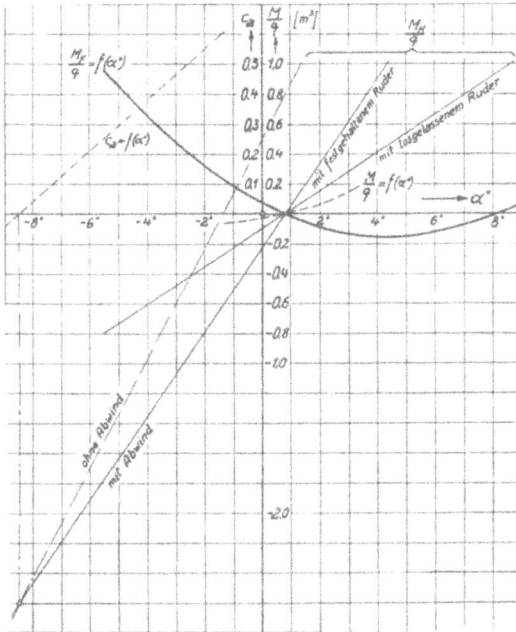

Abb. 88. Stabilitätsnachweis für das berechnete Segelflugzeug

eignet ist. Man wird die Gerade (das Leitwerk hat ein symmetrisches Profil) des Leitwerksmomentes $\dfrac{M_H}{q} = f(\alpha)$ zweckmäßig durch diesen Punkt legen; ihre Neigung

$$\frac{\Delta\, c_{n_H}}{\Delta\, \alpha^0} \cdot F_H \cdot l_H \cdot \xi \cdot \varkappa$$

ergibt sich aus den Daten des Flugzeugentwurfes:

Spannweite des Höhenleitwerks . . . . $b_H = 3,00$ m
Fläche des gesamten Höhenleitwerks . . $F_H = 1,98$ m²
Fläche des Höhenruders. . . . . $F_{Hr} = 1,09$ m²
Leitwerks-Hebelarm . . . . $l_H = 2,93$ m
Spannweite des Tragflügels . . . . . . $b = 12,00$ m
Tragfläche des Flügels . . . . $F = 13,10$ m².

Aus Abb. 82 wird für $\dfrac{b_H^2}{F_H} = \dfrac{9}{1,98} = 4,55$ nahe der unteren

Kurve entnommen:

$$\frac{\Delta c_{n_H}}{\Delta \alpha^0} \approx 0{,}0625.$$

Die Berücksichtigung des Abwindes erfolgt durch den Faktor

$$\xi = 1 - 0{,}73 \cdot \frac{F}{b^2} \cdot \left[1 + \sqrt{1 + \left(\frac{b}{2 \cdot l_H}\right)^2}\right],$$

welcher für

$$\frac{F}{b^2} = \frac{13{,}1}{144} = 0{,}091 \quad \text{und} \quad \frac{b}{2 \cdot l_H} = \frac{12}{2 \cdot 2{,}93} = 2{,}05$$

aus der Abb. 84 ermittelt werden kann, aber hier zur Kontrolle noch gerechnet werden soll:

$$\xi = 1 - 0{,}73 \cdot 0{,}091 \cdot (1 + \sqrt{1 + 2{,}05^2}) = 1 - 0{,}218 \approx 0{,}78.$$

Bei losgelassener Steuerung — das Höhenruder hat im vorliegenden Beispiel keinen Ausgleich — hat man ferner den Faktor

$$\varkappa = 1 - \frac{F_{H_r}}{F_H} = 1 - \frac{1{,}09}{1{,}98}$$
$$\varkappa \approx 1 - 0{,}55 = 0{,}45$$

zu berücksichtigen und erhält damit die Neigung der Leitwerksgeraden

$$\frac{\Delta \frac{M_H}{q}}{\Delta \alpha^0} = \frac{\Delta c_{n_H}}{\Delta \alpha^0} \cdot F_H \cdot l_H \cdot \xi \cdot \varkappa$$

$$= 0{,}0625 \cdot 1{,}98 \cdot 2{,}93 \cdot 0{,}78 \cdot 0{,}45 = 0{,}1273 = \frac{1}{7{,}85},$$

mit welcher sie durch den Punkt $\alpha = +0{,}8^0$ gezeichnet wird.

Wie man aus den resultierenden Momenten von Flügel und Leitwerk (die schädlichen Widerstände üben kein zu berücksichtigendes Moment um den Flugzeugschwerpunkt aus) ersehen kann, ist das Segelflugzeug im α-Bereich der günstigen Gleitwinkel stabil, denn dort steigt die Kurve $\frac{M}{q} = f(\alpha)$ nach rechts an. Die vorhandene Stabilität im normalen Flug mit losgelassenem Steuerknüppel kann als hinreichend betrachtet werden.

Bei festgehaltenem Höhenruder wird das Moment des Leitwerks erheblich vergrößert, und die mit der Neigung

$$\frac{\Delta\, c_{n_H}}{\Delta\, \alpha^0} \cdot F_H \cdot l_H \cdot \xi = 0{,}0625 \cdot 1{,}98 \cdot 2{,}93 \cdot 0{,}78 = 0{,}283 = \frac{1}{3{,}54}$$

durch den gleichen Punkt der α-Achse gezogene Gerade zeigt, daß nun die Stabilität vollkommen ausreichend ist.

Es bleibt also der Schränkungswinkel δ der Höhenflosse gegenüber der Profilsehne des Tragflügels zu bestimmen. Für die negativen Anstellwinkel ist in Abb. 88 der lineare Verlauf der Auftriebsbeiwerte des Tragflügels eingezeichnet; es folgt hieraus, daß $c_a = 0$ für $\alpha = -8{,}5^0$. Der zugehörige Punkt auf der Leitwerksgeraden »mit festgehaltenem Ruder« bleibt erhalten bei Eintragung der Geraden »ohne Abwind« mit der Neigung

$$\frac{\Delta\, c_{n_H}}{\Delta\, \alpha^0} \cdot F_H \cdot l_H = 0{,}0625 \cdot 1{,}98 \cdot 2{,}93 = 0{,}363 = \frac{1}{2{,}76}\,,$$

welche die Abszissenachse in $\alpha = -1{,}4^0$ schneidet. Demnach ist zur Erreichung der gewünschten Stabilitätsverhältnisse die Höhenflosse im Winkel $\delta = +1{,}4^0$ gegenüber der Flügelsehne einzustellen.

Schrifttum.

L. Prandtl und A. Betz: Ergebnisse der Aerodynamischen Versuchsanstalt zu Göttingen. 1.—4. Lieferung, 1925—1932. Verlag R. Oldenbourg, München und Berlin.

M. Munk: Isoperimetrische Aufgaben aus der Theorie des Fluges. Dissertation Göttingen 1918.

N. K. Bose: Über das Doppeldeckerproblem Dissertation Göttingen 1925.

R. v. Mises: Fluglehre. 3. Auflage. Berlin 1926, Verlag Julius Springer.

H. Glauert: Die Grundlagen der Tragflügel- und Luftschraubentheorie. (Deutsch von H. Holl.) Berlin 1929, Verlag Julius Springer.

Fuchs-Hopf-Seewald: Aerodynamik. I. Band. 2. Auflage. Berlin 1934. Verlag Julius Springer.

Zeitschrift für Flugtechnik und Motorluftschiffahrt (ZFM). Verlag R. Oldenbourg, München und Berlin.

Deutsche Luftwacht, Ausgabe: Luftwissen. Berlin, Verlag E. S. Mittler und Sohn.

M. Knight und R. W. Noyes Windkanalmessungen über die Druckverteilung bei einer Reihe von Doppeldeckerflügeln. NACA-Techn. Notes 310, 325 und 330 (1929).

F. E. Weick: Rechentafeln für die Auswahl von Leichtmetallschrauben einer Standard-Form bei verschiedenen Flugzeugen und Rümpfen. NACA-Report 350 (1929).

Sachverzeichnis.

Grundsätzliche Untersuchung des Instrumentefluges. Von
G. Arturo Crocco. 91 S., 5 Abb. Gr.-8⁰. 1942. Ppbd. RM 4.80

Mathematik für Ingenieure und Techniker. Von R. Doerfling.
4. Aufl. 633 S., 306 Abb. Gr.-8⁰. 1942.   Halbleinen RM 9.60

Determinanten. Von Prof. Dr. H. Dörrie. 216 S. Gr.-8⁰. 1940.
Halbleinen RM 10.80

Vorlesungen über technische Mechanik. Von Prof. Dr.-Ing.
August Föppl.

    I. Einführung in die Mechanik. 11. Aufl. 430 S. 104 Abb 1943

  II. Graphische Statistik. 10. Aufl. 416 S., 209 Abb. 1943

 III. Festigkeitslehre. 13. Aufl. 465 S., 114 Abb. 1943

 IV. Dynamik. 10. Aufl. 459 S , 144 Abb. 1943

  V. Die wichtigsten Lehren der höheren Dynamik. 5 Aufl. 468
    S., 33 Abb. 1943

Jeder Band in Halbleinen   RM 11.80

Experimentelle Untersuchungen über den Segelflug mitten
im Fluggebiet großer segelnder Vögel (Geier, Albatros usw.).
Ihre Anwendung auf den Segelflug des Menschen. Von Prof.
J. Idrac. Aus dem Französischen übersetzt von Dr. F. Höhn-
dorf. 81 Seiten, 56 Abbildungen. Gr.-8⁰. 1932   RM 3.—

Grundlagen der Flugzeugnavigation. Von Prof. Werner Imm-
ler. 4. Auflage. 229 Seiten, 198 Abbildungen, 20 Rechentafeln,
17 Tabellen Lex.-8⁰. 1942   Kart. RM 14.—

Flugzeugberechnung. Von Dr.-Ing. Rudolf Jaeschke.

    Bd. I: Strömungslehre und Flugmechanik. 4. Auflage 174 S.,
    88 Abbildungen, 21 Zahlentafeln. 8⁰. 1943   RM 6.—

    Bd. II. Bearbeitung von Entwürfen und Unterlagen für den
    Festigkeitsnachweis. 3. Auflage. 202 Seiten, 64 Abbil-
    dungen, 38 Zahlentafeln. 8⁰. 1943   RM 6.—

www.ingramcontent.com/pod-product-compliance
Lightning Source LLC
Chambersburg PA
CBHW031443180326
41458CB00002B/628